KB113692

한눈에 알아보는 우리 생물 9

화살표

강도래
날도래
하루살이
도감

한눈에 알아보는 우리 생물 9

화살표 강도래·날도래·하루살이 도감

펴낸날 2023년 9월 6일
지은이 정광수, 강미숙, 박형례

펴낸이 조영권
만든이 노인향
꾸민이 토가 김선태

펴낸곳 자연과생태
등록 2007년 11월 2일(제2022-000115호)
주소 경기도 파주시 광인사길 91, 2층
전화 031-955-1607 **팩스** 0503-8379-2657
이메일 econature@naver.com
블로그 blog.naver.com/econature

ISBN : 979-11-6450-038-3 96490

한눈에 알아보는 우리 생물9

화살표

강도래
날도래
하루살이
도감

글·사진
정광수, 강미숙, 박형례

자연과생태

강도래, 날도래, 하루살이는 계곡, 냇물, 강, 연못, 저수지, 습지와 같은 물 환경에 서식한다. 우리나라 지형은 여러 산맥으로 이루어져 있어서 계곡과 소규모 개울을 비롯한 하천이 많으므로 매우 다양한 물속 곤충이 살기에 알맞다. 물 환경에 따라 사는 종이 달라서 해당 종 서식 여부에 따라 수질을 평가할 수 있다. 수질 평가에 쓰이는 'EPT 생물지수'는 하루살이목(Ephemeroptera), 강도래목(Plecoptera), 날도래목(Trichoptera)의 영명 첫 글자에서 따왔다.

이 세 분류군을 잘 활용하려면 먼저 종을 정확히 구별할 수 있어야 한다. 전국의 많은 하천과 호소를 조사하며 확보한 정보를 살펴 가장 많이 보이고 폭넓게 분포하는 종을 선정했다. 물속에서 지내는 유충 시기, 물 밖에서 지내는 성충 시기에도 종을 구별할 수 있으려면 각 시기의 모습을 모두 알아야 한다. 어떤 유충이 어떤 모습으로 성충이 되는지를 확인하는 일이 쉽지 않았지만, 여러 해 동안 많은 종을 채집해 사육하며 날개돋이 과정을 관찰해 유충과 성충 사진을 함께 실을 수 있었다.

전국 곳곳을 다니며 계절마다 바뀌는 다채로운 풍광 속에서 강도래, 날도래, 하루살이를 찾아 기록하는 일은 에너지가 많이 들지만 그보다 더 큰 행복감을 얻는 일이다. 가파른 이끼 계곡, 호박돌 계곡, 나뭇잎 쌓인 돌 틈, 빛나는 모래 여울 그리고 고운 진흙 퇴적층까지 다양한 물 환경에서 살아가는 이들을 만날 생각에 설레며 내일을 기다리는 날이 이어진다.

그러나 아직도 만나지 못한 종이 있고, 분류학적으로 정리해야 할 종도 많다. 세 분류군의 일부 속(Genus) 유충과 성충은 크기와 생김새가 매우 비슷해서 구별이 어렵고, 물속과 뭍으로 나뉘어 지내는 생활사 때문에 생태를 파악하기도 어렵다. 물속 곤충을 공부하는 사람들로서 분류를 완성하고 유충과 성충 짝을 맞추는 일은 반드시 해결해야 할 과제이다. 그동안 조사하며 얻은 정보를 일부나마 정리해 이렇게 도감으로 엮게 된 것은 뜻깊게 여기지만, 풀어야 할 숙제를 생각하면 여전히 마음이 무겁다. 복잡한 마음을 담아 펴낸 이 책이 물속 곤충에 관심 있는 독자와 연구자에게 도움이 되기를 바란다.

2023년 9월
저자 일동

우리나라 계곡과 하천에서 쉽게 발견할 수 있는 종, 그중에서도 유충과 성충이 모두 밝혀진 종을 우선 선정했으며, 학명과 국명은 「국가생물종목록」(2022)을 따랐다.

- 강도래의 민강도래속과 애기강도래속처럼 동일 속에 여러 종이 있으나 외형만으로는 구별하기 어려운 경우에는 가장 흔히 볼 수 있는 종 하나를 대표로 선정했다.
- 날도래에서 유충 이름 뒤에 -KUa, -KUb, -sp.가 붙은 종은 아직 성충을 확정할 수 없어 기호 처리된 채로 실었고, 해당 속에서 가장 흔히 볼 수 있는 종 하나를 대표로 선정했다.
- 날도래 일부 과에서 성충의 외형만으로 종을 구별하기 어려운 경우에는 가장 흔히 볼 수 있는 종 하나를 대표로 선정했다.
- 하루살이는 현장에서 촬영한 사진은 물론 형태를 더욱 자세히 구별할 수 있도록 실내 사육 개체 사진도 실었으며, 하루살이목의 특징인 아성충 사진도 가능한 함께 실었다.

차례

강도래

민날개강도래과 Scopuridae

메추리강도래과 Taeniopterygidae

민강도래과 Nemouridae

흰배민강도래과 Capniidae

꼬마강도래과 Leuctridae

넓은가슴강도래과 Peltoperlidae

날도래

하루살이

강도래

강도래

강도래목은 곤충강 유시아강에 속하는 무리로 북방강도래아목(Arctoperlaria)과 남방강도래아목(Antarctoperlaria)에 26과가 딸려 있으며 전 세계에 3,729종이 산다. 대부분 종이 북반구에 분포하며 11과로 이루어진 북방강도래아목에 속한다. 한반도에는 10과 37속 95종이 산다(환경부, 2022).

성충은 앉았을 때 뒷날개 위에 앞날개를 평평하게 포개어 접으면서 배를 덮는다. 강도래목 학명 Plecoptera는 그리스어로 '접다'를 뜻하는 'Pleco'와 '날개'를 뜻하는 'ptera'에서 유래했으며, 한자명 적시목(積翅目) 역시 날개를 포갠다는 뜻이다. 영어권 일반명인 Stonefly는 주로 하천 돌 틈에서 생활하는 데에서 비롯했으며, 국명 강도래의 유래는 뚜렷하지 않다.

날개맥은 원시적 형태로 횡맥과 종맥이 많으며 앞가슴, 가운데가슴, 뒷가슴이 뚜렷하고 발톱이 2개, 꼬리(미모, cercus)가 2개 있다. 큰턱과 작은턱이 크며, 큰 겹눈은 2개이고 홑눈은 2개 또는 3개이다. 가슴 아랫면에서 갈라져 나온 기관아가미(기관새, 氣管鰓, tracheal gills)가 있으며 일부 종은 배 끝에도 있다. 날개주머니가 뚜렷하며, 발목마디는 3마디이다.

유충은 물속에서만 생활하며 수온이 낮고 매우 맑은 1급 청정수에 사는 종이 대부분이고, 2급수에도 적은 종이 산다. 전 세계적으로 보면 대개 호수나 연못에 살고 남반구에서는 습기 있는 땅에서 사는 종이 일부 있다고 알려졌다. 우리나라에서는 대부분 종이 냇물에 살지만 민강도래속 일부 종은 습지에서도 서식한다. 유충 대부분은 수질 오염에 매우 민감해 용존 산소량이 부족한 곳에서는 좀처럼 보이지 않는다. 그러므로 강도래 유충이 살지 않는 하천은 오염되었거나 오염이 진행되고 있다고 판단할 수 있다.

유충은 12~24번 허물을 벗으며 자라고 주로 밤에 날개돋이한다. 물속 생태계의 1차 소비자로 퇴적물을 먹는 것(detritivores), 바위나 퇴적물에 붙어 있는 조류나 이끼 등을 긁어 먹는 것(scrapers), 나뭇잎 또는 나무껍질을 갉아 먹는 것(grazers), 다른 무척추동물을 잡아먹는 것(predators) 등 섭식 형태가 다양하다(이 책에서는 긁어 먹는 것과 갉아 먹는 것을 합쳐 썰어 먹는 것으로 표기했다). 종 대부분의 생활사는 1년 1세대이며, 일부 큰 종은 유충기가 길어서 2~3년에 1세대이다.

민날개강도래 *Scopura laminata*

크기 25mm 안팎

먹는 방법 썰어 먹는 무리

행동 기는 무리

관찰지 설악산, 오대산, 태백산,
　　　　소백산의 산간 계류의
　　　　원류

- 한반도고유종, 국외반출승인대상종, 적색목록 준위
  협(NT)
- 10~11월에 날개돋이해 짝짓기하고 알을 낳는다. 날개
  가 없어 이동 범위가 한정되며, 우리나라에는 독립된
  수계에 같은 속 4종이 서식한다. 민날개강도래와 더
  불어 치악산에 한국민날개강도래(*S. scorea*), 가야산
  에 가야산민날개강도래(*S. gaya*), 지리산에 지리산민
  날개강도래(*S. jiri*)가 산다. 생김새가 매우 비슷해 구
  별이 어렵기 때문에 발견된 지역을 기준으로 우선
  구별한다.

날개가 없다.

10배마디 끝에
기관아가미 다발이 있다.

유충 시기에
보였던 기관아가미
다발이 없어지고
생식기가 생긴다.

얼룩메추리강도래 *Mesyatsia makartchenkoi*

크기 10mm 안팎
먹는 방법 썰어 먹는 무리
행동 기는 무리
관찰지 산간 계류

● 유충은 차가운 계류에서 한겨울에 성장하며, 성충은
2~3월에 나타나는 대표적인 겨울 강도래이다.

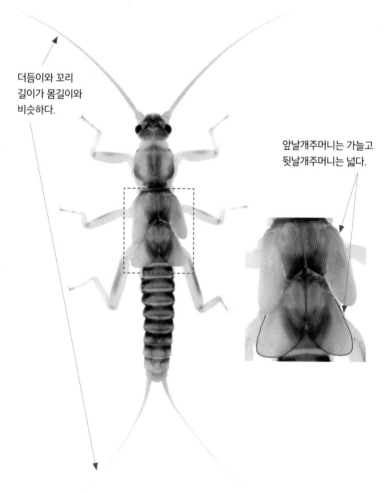

더듬이와 꼬리
길이가 몸길이와
비슷하다.

앞날개주머니는 가늘고
뒷날개주머니는 넓다.

머리는 오각형이고
앞가슴은 아래쪽이 넓다.

날개 중간과 끝 부분에
흑갈색 반점이 나타난다.

나팔꽃민강도래 *Nemoura geei*

크기 8mm 안팎
먹는 방법 썰어 먹는 무리
행동 기는 무리
관찰지 산간 계류 및 정수역의
　　　물풀이 있는 곳

● 우리나라에는 민강도래과 민강도래속에 16종이 사
는데, 생김새가 거의 같아서 교미부속기를 살펴야 구
별이 가능하다. 그러므로 우리나라에서 가장 폭넓게
분포하고 흔히 보이는 이 종을 대표로 소개한다.

뒷날개주머니가
여덟 팔자(八) 모양으로
벌어진다.

민강도래속(*Nemoura*) 유충의
일반적인 형태

가슴은 검으며
다리는 조금 밝다.

성숙하면 날개가 검게 변한다.

민강도래속(*Nemoura*) 성충의
일반적인 형태

총채민강도래 *Amphinemura coreana*

크기 8mm 안팎

먹는 방법 썰어 먹는 무리

행동 기는 무리, 붙는 무리

관찰지 하천의 낙엽 쌓인 곳

- 국외반출승인대상종
- 성충은 머리부터 날개 끝까지 길이가 13mm 안팎이며 4~5월에 나타난다.

몸 주변이 점액질로
둘러싸였다.

앞가슴 아래에 총채 모양
기관아가미가 있다.

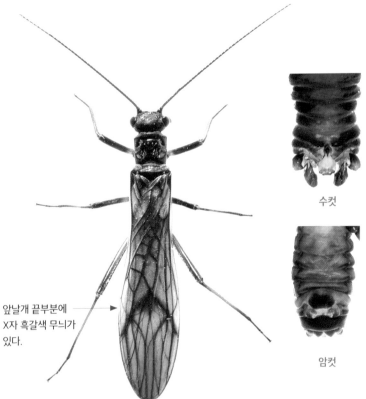

앞날개 끝부분에
X자 흑갈색 무늬가
있다.

수컷

암컷

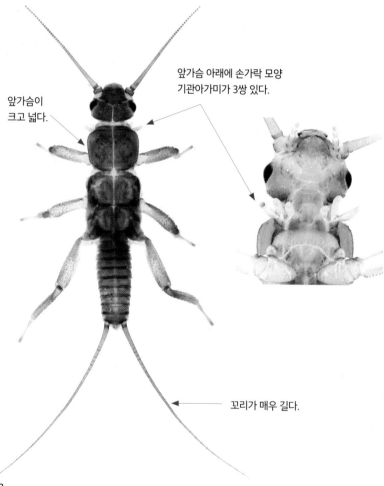

삼새민강도래 *Protonemura villosa*

크기 10mm 안팎

먹는 **방법** 썰어 먹는 무리

행동 기는 무리

관찰지 산간 계류

- 한반도고유종, 국외반출승인대상종
- 유충은 여름이 지나고서부터 보인다. 성충은 머리부터 날개 끝까지 길이가 13mm 안팎이며 9~10월에 나타난다.

앞가슴 아래에 손가락 모양 기관아가미가 3쌍 있다.

앞가슴이 크고 넓다.

꼬리가 매우 길다.

넓적다리마디 끝은
흑갈색이다.

수컷

암컷

23

두새민강도래 *Zapada quadribranchiata*

크기 8mm 안팎

먹는 방법 썰어 먹는 무리

행동 기는 무리, 붙는 무리

관찰지 산간 계류

● 물이 흐르는 곳에 살며, 성충은 4~5월에 나타난다.

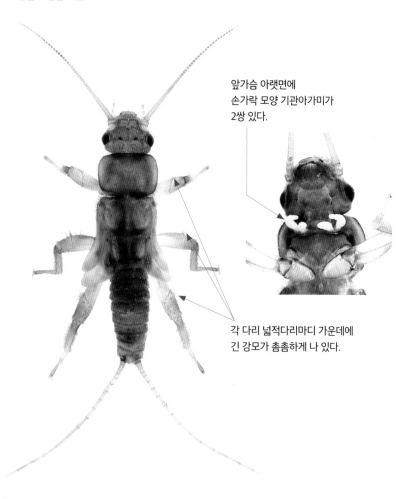

앞가슴 아랫면에
손가락 모양 기관아가미가
2쌍 있다.

각 다리 넓적다리마디 가운데에
긴 강모가 촘촘하게 나 있다.

암컷

넓적다리마디 끝이 흑갈색이고
기부에 검은색 줄무늬가 있다.

성숙한 개체의
앞날개 끝은 둥글고 넓다.

날개의 X자 무늬 아래로
흑갈색 가로 줄무늬가
3개 있다.

짧은꼬리민강도래 *Eucapnopsis stigmatica*

크기 6mm 안팎
먹는 방법 썰어 먹는 무리
행동 기는 무리
관찰지 산간 계류

● 성충은 2~3월에 나타난다.

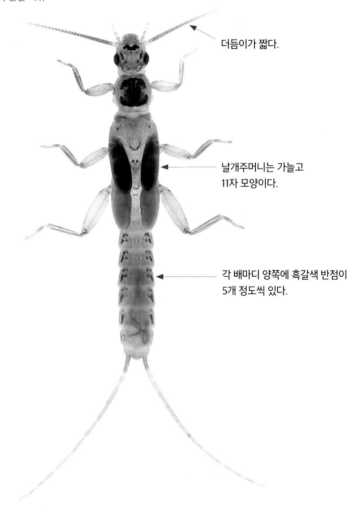

더듬이가 짧다.

날개주머니는 가늘고 11자 모양이다.

각 배마디 양쪽에 흑갈색 반점이 5개 정도씩 있다.

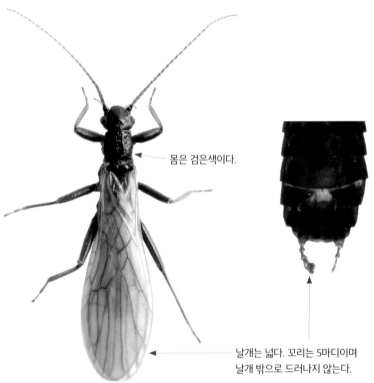

몸은 검은색이다.

날개는 넓다. 꼬리는 5마디이며
날개 밖으로 드러나지 않는다.

애강도래 *Paracapnia recta*

크기 8mm 안팎
먹는 방법 썰어 먹는 무리
행동 기는 무리, 붙는 무리
관찰지 산지 및 평지 하천

● 물풀이 있는 곳에서 지내며, 성충은 2~3월에 나타
난다.

몸은 갈색이며,
배에는 특별한 무늬가 없다.

수컷 배 끝에는
아생식기가 튀어나온다.

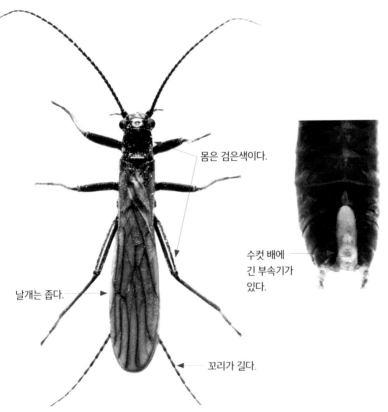

몸은 검은색이다.

날개는 좁다.

꼬리가 길다.

수컷 배에
긴 부속기가
있다.

집게강도래 *Leuctra fusca*

크기 8mm 안팎

먹는 방법 썰어 먹는 무리

행동 기는 무리, 붙는 무리

관찰지 산간 계류

● 성충은 9~10월에 나타난다.

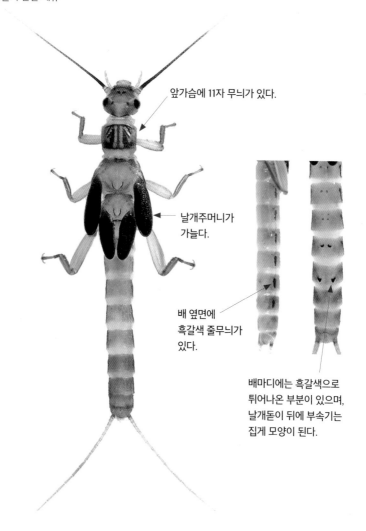

앞가슴에 11자 무늬가 있다.

날개주머니가 가늘다.

배 옆면에 흑갈색 줄무늬가 있다.

배마디에는 흑갈색으로 튀어나온 부분이 있으며, 날개돋이 뒤에 부속기는 집게 모양이 된다.

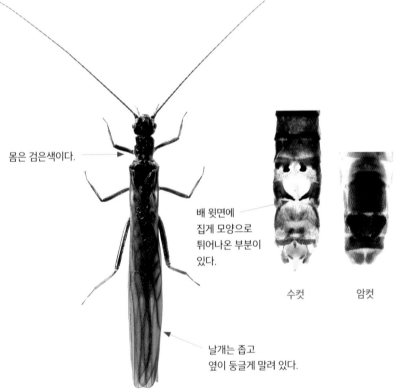

몸은 검은색이다.

배 윗면에
집게 모양으로
튀어나온 부분이
있다.

수컷　　　　암컷

날개는 좁고
옆이 둥글게 말려 있다.

꼬리강도래 *Paraleuctra cercia*

크기 9mm 안팎
먹는 방법 썰어 먹는 무리
행동 기는 무리
관찰지 산간 계류

● 성충은 4월에 나타난다.

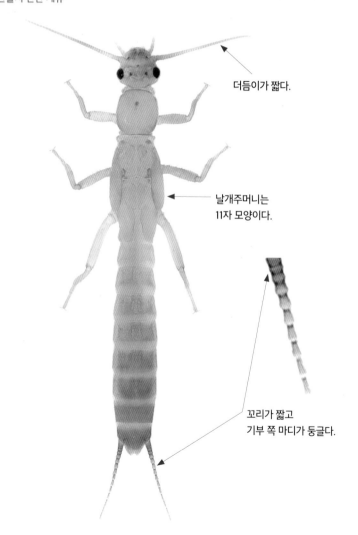

더듬이가 짧다.

날개주머니는
11자 모양이다.

꼬리가 짧고
기부 쪽 마디가 둥글다.

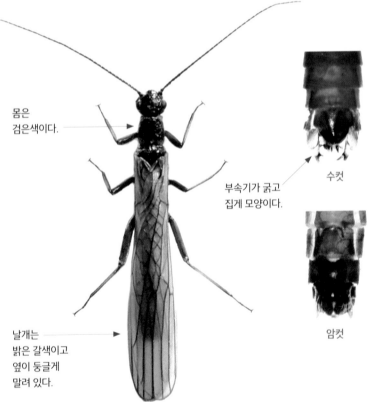

몸은
검은색이다.

부속기가 굵고
집게 모양이다.

수컷

암컷

날개는
밝은 갈색이고
옆이 둥글게
말려 있다.

큰애기강도래 *Perlomyia mahunkai*

크기 5mm 안팎
먹는 방법 썰어 먹는 무리
행동 기는 무리
관찰지 산간 계류

● 기존에 꼬마강도래였던 국명이 변경되었다. 유충은 강모가 많아 물에 잘 뜬다. 성충은 4월부터 나타나며 머리부터 날개 끝까지 길이가 7~9mm이다. 꼬마강도래속에 9종이 기록되었으나 생김새가 거의 비슷해 교미기와 부속기 모양으로 구별해야 한다. 큰애기강도래와 둘째애기강도래가 주로 보인다.

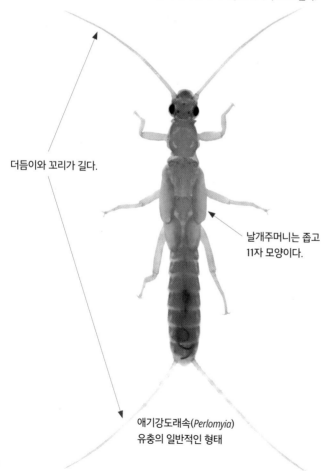

더듬이와 꼬리가 길다.

날개주머니는 좁고 11자 모양이다.

애기강도래속(*Perlomyia*)
유충의 일반적인 형태

몸은 검다.

수컷의 부속기와
9배마디 밝은 부분의 모양으로
종을 구별한다.

성숙한 성충의 날개는
둥글게 말려 있다.

애기강도래속(*Perlomyia*) 유충의
일반적인 형태

새발강도래 *Megaleuctra saebat*

크기 25mm 안팎
먹는 방법 썰어 먹는 무리
행동 기는 무리
관찰지 산간 계류

- 한반도고유종, 국외반출승인대상종
- 성충은 4월 하순부터 5월 말까지 나타난다.

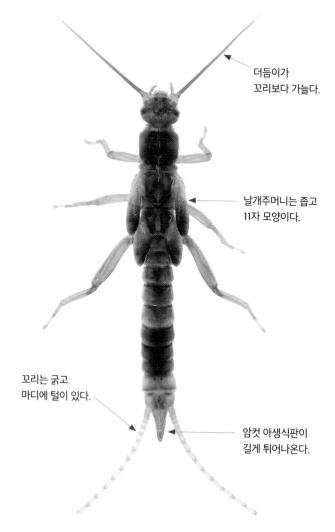

더듬이가
꼬리보다 가늘다.

날개주머니는 좁고
11자 모양이다.

꼬리는 굵고
마디에 털이 있다.

암컷 아생식판이
길게 튀어나온다.

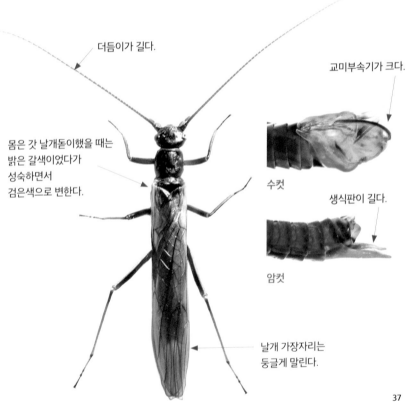

더듬이가 길다.

교미부속기가 크다.

몸은 갓 날개돋이했을 때는
밝은 갈색이었다가
성숙하면서
검은색으로 변한다.

수컷

생식판이 길다.

암컷

날개 가장자리는
둥글게 말린다.

넓은가슴강도래 *Yoraperla uchidai*

크기 10mm 안팎
먹는 방법 썰어 먹는 무리
행동 붙는 무리, 기는 무리
관찰지 산간 계류

● 유충은 이끼가 많은 곳에서 산다. 성충은 머리부터 날개 끝까지 길이가 12mm 안팎이며, 5월부터 나타난다. 넓은가슴강도래와 생김새가 매우 비슷해서 같은 종인지 검토가 필요해 보이는 뭉툭강도래가 있다. 현재는 중북부지역에서 보이면 넓은가슴강도래로, 지리산을 비롯해 남부지역에서 보이면 뭉툭강도래로 구별한다.

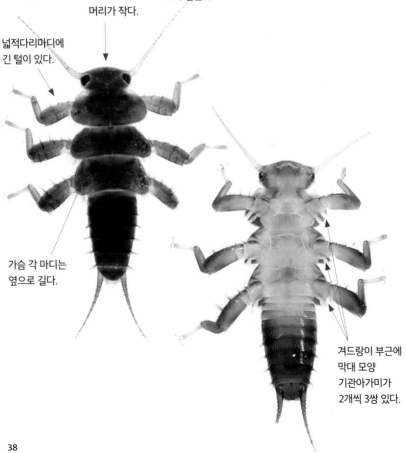

머리가 작다.

넓적다리마디에 긴 털이 있다.

가슴 각 마디는 옆으로 길다.

겨드랑이 부근에 막대 모양 기관아가미가 2개씩 3쌍 있다.

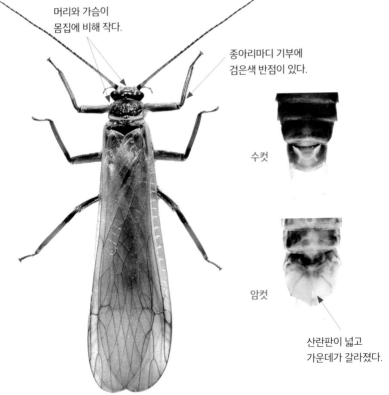

머리와 가슴이
몸집에 비해 작다.

종아리마디 기부에
검은색 반점이 있다.

수컷

암컷

산란판이 넓고
가운데가 갈라졌다.

큰그물강도래 *Pteronarcys sachalina*

크기 50mm 안팎
먹는 방법 썰어 먹는 무리
행동 기는 무리
관찰지 산간 계류의 원류

● 국외반출승인대상종, 국가기후변화지표종
● 우리나라 강도래 유충 가운데 가장 크며, 호박돌 밑에 산다. 성충은 4월 하순부터 나타난다.

앞가슴등판이
갑옷처럼 튼튼하다.

꼬리는 굵고
짧다.

기관아가미 다발이
가슴에 12개,
배에 6개 있다.

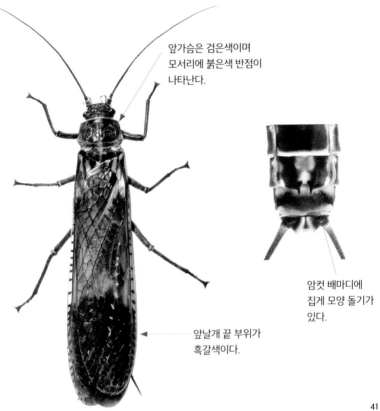

앞가슴은 검은색이며
모서리에 붉은색 반점이
나타난다.

암컷 배마디에
집게 모양 돌기가
있다.

앞날개 끝 부위가
흑갈색이다.

41

삼줄강도래 *Isoperla flavescens*

크기 10mm 안팎
먹는 방법 썰어 먹는 무리
행동 기는 무리
관찰지 산간 계류

● 성충은 5월부터 나타나며, 앞가슴에 흑갈색 줄무늬가 2개 있다.

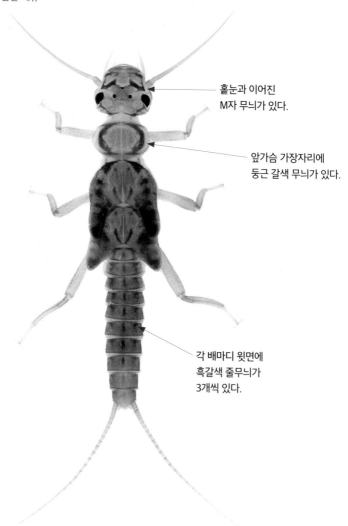

홑눈과 이어진
M자 무늬가 있다.

앞가슴 가장자리에
둥근 갈색 무늬가 있다.

각 배마디 윗면에
흑갈색 줄무늬가
3개씩 있다.

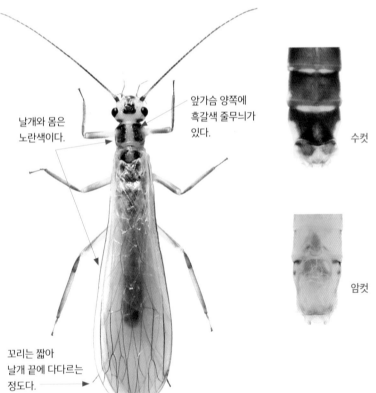

앞가슴 양쪽에
흑갈색 줄무늬가
있다.

날개와 몸은
노란색이다.

수컷

암컷

꼬리는 짧아
날개 끝에 다다르는
정도다.

점등무늬강도래 *Perlodes stigmata*

크기 30mm 안팎
먹는 방법 썰어 먹는 무리
행동 기는 무리
관찰지 산간 계류

● 성충은 3월 하순부터 나타나며 머리부터 날개 끝까지 길이가 20mm 안팎이다.

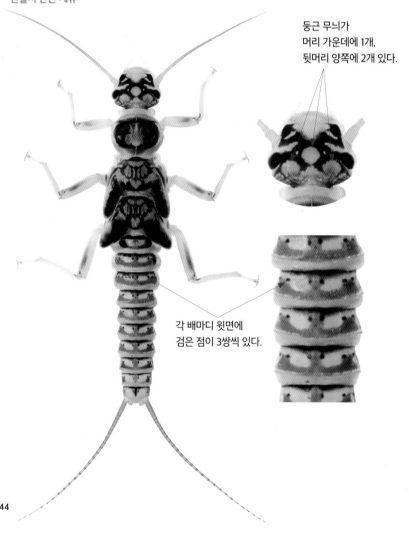

둥근 무늬가 머리 가운데에 1개, 뒷머리 양쪽에 2개 있다.

각 배마디 윗면에 검은 점이 3쌍씩 있다.

유충과 달리
더듬이가 길다.

머리 한가운데에 주황색 둥근 무늬,
뒷머리와 앞가슴 한가운데에는
주황색 굵은 줄무늬가 있다.

수컷

부속기가 짧고 작다.

암컷

그물강도래붙이 *Stavsolus japonicus*

크기 20mm 안팎
먹는 방법 썰어 먹는 무리
행동 기는 무리
관찰지 산간 계류

● 유충은 계류의 원류에 살며 성충은 5~8월에 나타난다.

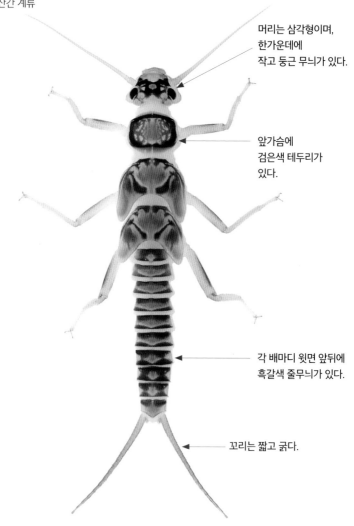

머리는 삼각형이며,
한가운데에
작고 둥근 무늬가 있다.

앞가슴에
검은색 테두리가
있다.

각 배마디 윗면 앞뒤에
흑갈색 줄무늬가 있다.

꼬리는 짧고 굵다.

머리에 작고 노란
둥근 무늬가 있고
앞가슴 가운데에도
노란색 줄무늬가 있다.

각 다리의
넓적다리마디 끝과
종아리마디 기부가
검은색이다.

날개는 밝은 갈색이고
그물망 같은 날개맥이
뚜렷하다.
꼬리는 짧아서
날개 밖으로
드러나지 않는다.

47

한국강도래 *Kamimuria coreana*

크기 30mm 안팎
먹는 방법 썰어 먹는 무리
행동 기는 무리
관찰지 산간 계류

- 한반도고유종, 국외반출승인대상종
- 성충은 6~8월에 나타나며, 머리에서 꼬리 끝까지 길이가 24mm 안팎이다.

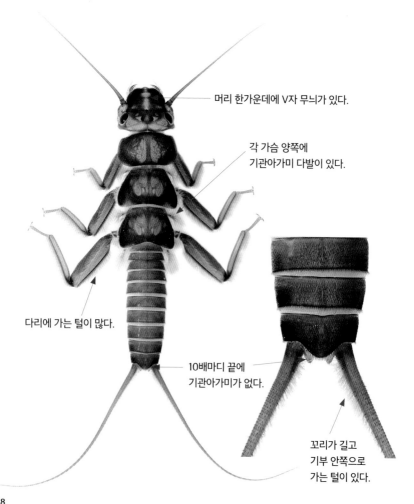

머리 한가운데에 V자 무늬가 있다.

각 가슴 양쪽에 기관아가미 다발이 있다.

다리에 가는 털이 많다.

10배마디 끝에 기관아가미가 없다.

꼬리가 길고 기부 안쪽으로 가는 털이 있다.

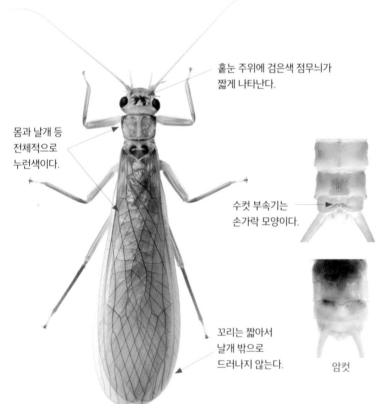

홑눈 주위에 검은색 점무늬가
짧게 나타난다.

몸과 날개 등
전체적으로
누런색이다.

수컷 부속기는
손가락 모양이다.

꼬리는 짧아서
날개 밖으로
드러나지 않는다.

암컷

49

무늬강도래 *Kiotina decorata*

크기 25mm 안팎

먹는 방법 썰어 먹는 무리

행동 기는 무리

관찰지 산간 계류

- 국외반출승인대상종
- 유충은 계류 원류에 살며 성충은 4~7월에 나타난다.

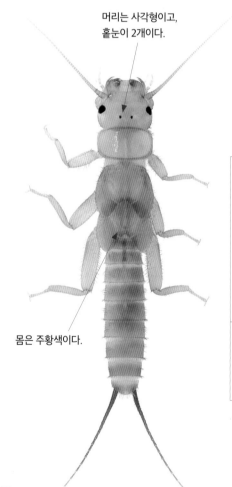

머리는 사각형이고,
홑눈이 2개이다.

몸은 주황색이다.

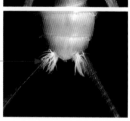

가슴과 배 끝 양쪽에
기관아가미 다발이 있다(날개돋이
직전이라 색이 진한 개체).

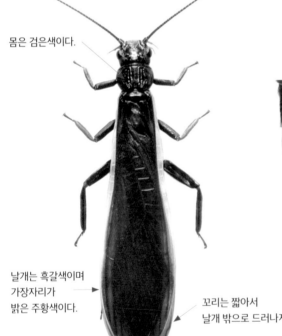

몸은 검은색이다.

수컷 부속기는
뾰족한 집게 모양이다.

날개는 흑갈색이며
가장자리가
밝은 주황색이다.

꼬리는 짧아서
날개 밖으로 드러나지 않는다.

51

두눈강도래 *Neoperla coreensis*

크기 15mm 안팎
먹는 방법 썰어 먹는 무리
행동 기는 무리
관찰지 산간 계류

- 한반도고유종, 국외반출승인대상종
- 유충은 계류 원류에 서식하며 성충은 5~8월에 나타난다.

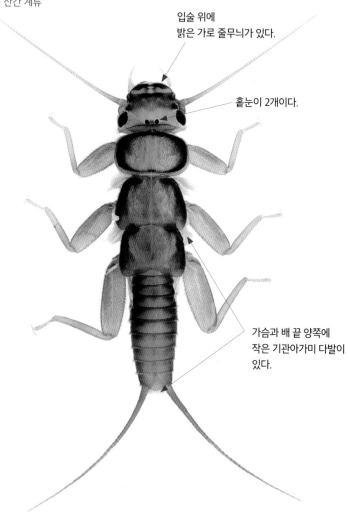

입술 위에
밝은 가로 줄무늬가 있다.

홑눈이 2개이다.

가슴과 배 끝 양쪽에
작은 기관아가미 다발이
있다.

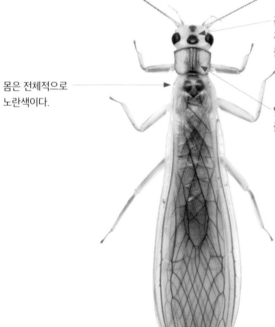

홑눈이 2개이며
흑갈색 무늬로
둘러싸여 있다.

몸은 전체적으로
노란색이다.

앞가슴 가장자리와 가운데에
줄무늬가 있다.

진강도래 *Oyamia nigribasis*

크기 30mm 안팎

먹는 방법 잡아먹는 무리

행동 붙는 무리

관찰지 산간 계류

- 국외반출승인대상종
- 성충은 5~7월에 나타난다.

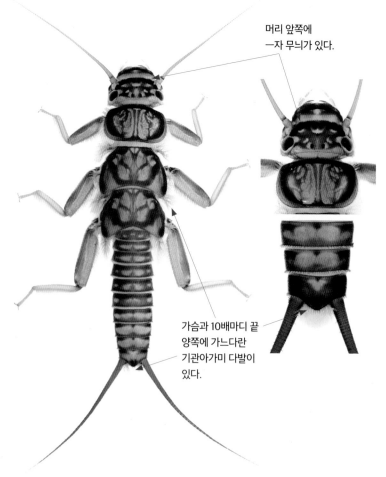

머리 앞쪽에
一자 무늬가 있다.

가슴과 10배마디 끝
양쪽에 가느다란
기관아가미 다발이
있다.

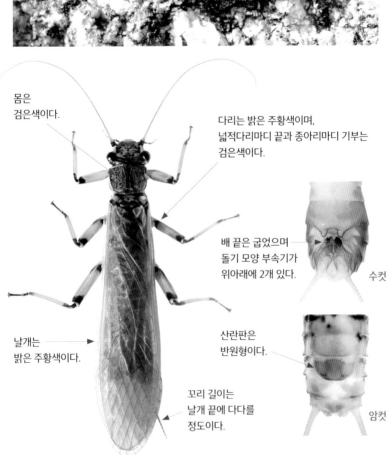

몸은
검은색이다.

다리는 밝은 주황색이며,
넓적다리마디 끝과 종아리마디 기부는
검은색이다.

배 끝은 굽었으며
돌기 모양 부속기가
위아래에 2개 있다.

수컷

날개는
밝은 주황색이다.

산란판은
반원형이다.

꼬리 길이는
날개 끝에 다다를
정도이다.

암컷

강도래붙이 *Paragnetina flavotincta*

크기 25mm 안팎
먹는 방법 잡아먹는 무리
행동 붙는 무리
관찰지 산간 계류

- 국외반출승인대상종
- 유충은 계류 원류에 살며 성충은 5~9월에 나타난다.

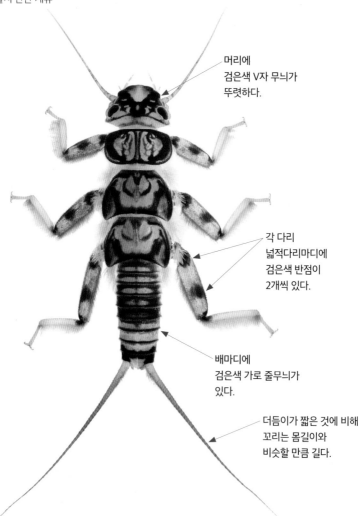

머리에
검은색 V자 무늬가
뚜렷하다.

각 다리
넓적다리마디에
검은색 반점이
2개씩 있다.

배마디에
검은색 가로 줄무늬가
있다.

더듬이가 짧은 것에 비해
꼬리는 몸길이와
비슷할 만큼 길다.

홑눈 주위에
V자 무늬가 있다.

각 다리 넓적다리마디 끝에
가느다란 검은색 줄무늬가
있다(한국강도래와 구별 포인트).

수컷 부속기는
집게 모양이다.

녹색강도래 *Sweltsa nikkoensis*

크기 8mm 안팎
먹는 방법 잡아먹는 무리
행동 붙는 무리
관찰지 산간 계류

● 우리나라에 사는 녹색강도래 종류 유충은 생김새가
모두 비슷해 구별이 어렵다. 다만 날개돋이할 때가
다가올수록 종 특징인 머리와 가슴, 배에 검은색 줄
무늬가 나타나므로 이 시기에는 어느 정도 구별 가
능하다. 성충은 4월 하순부터 7월까지 나타난다.

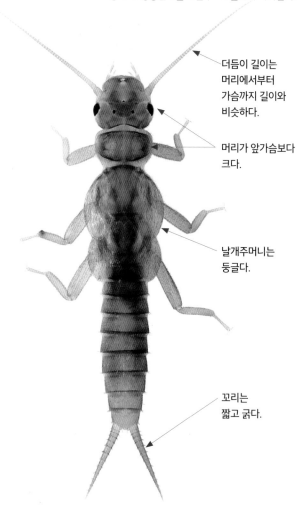

더듬이 길이는
머리에서부터
가슴까지 길이와
비슷하다.

머리가 앞가슴보다
크다.

날개주머니는
둥글다.

꼬리는
짧고 굵다.

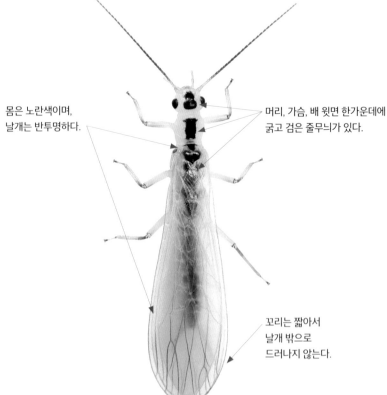

몸은 노란색이며,
날개는 반투명하다.

머리, 가슴, 배 윗면 한가운데에
굵고 검은 줄무늬가 있다.

꼬리는 짧아서
날개 밖으로
드러나지 않는다.

여린녹색강도래 *Sweltsa lepnevae*

크기 8mm 안팎
먹는 방법 잡아먹는 무리
행동 붙는 무리
관찰지 산간 계류

- 국외반출승인대상종
- 성충은 5~6월에 나타난다.

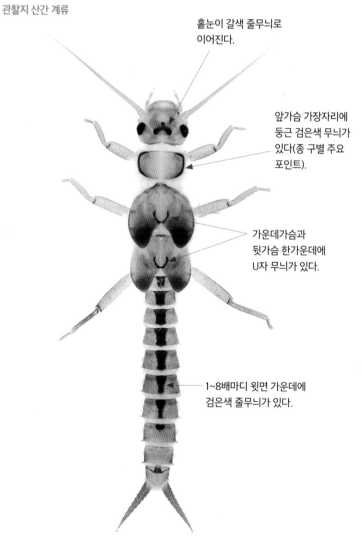

홑눈이 갈색 줄무늬로
이어진다.

앞가슴 가장자리에
둥근 검은색 무늬가
있다(종 구별 주요
포인트).

가운데가슴과
뒷가슴 한가운데에
U자 무늬가 있다.

1~8배마디 윗면 가운데에
검은색 줄무늬가 있다.

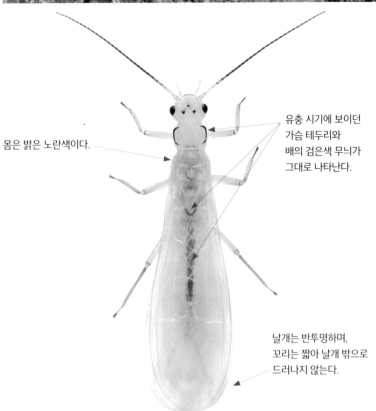

몸은 밝은 노란색이다.

유충 시기에 보이던
가슴 테두리와
배의 검은색 무늬가
그대로 나타난다.

날개는 반투명하며,
꼬리는 짧아 날개 밖으로
드러나지 않는다.

얼룩녹색강도래 *Sweltsa illiesi*

크기 8mm 안팎

먹는 방법 잡아먹는 무리

행동 붙는 무리

관찰지 산간 계류

● 성충은 5~6월에 나타나며, 머리에서 날개 끝까지의
길이는 13mm 안팎이다.

홑눈 3개가
흑갈색 무늬로
이어진다.

앞가슴에
가는 검은색 줄무늬가
있다.

가운데가슴과
뒷가슴에
U자 무늬가 있다.

배마디 윗면에
굵은 검은 줄무늬가
있다.

성숙하면
홑눈 3개가
검은 무늬로 연결된다.

앞가슴에 얼룩무늬가
2줄 있다.

날개는 반투명하며
엷은 녹색을 띠고,
꼬리는 짧아
날개 밖으로 드러나지 않는다.

날도래

날도래

날도래목은 날개가 있고(유시류) 완전탈바꿈을 하는(내시류) 곤충으로 나비, 나방과 공통조상에서 갈라졌다. 물속(일부 종은 육지 또는 수변부)에서 알-유충-번데기 시기를 지내고 성충이 되어 물 밖으로 나온다. 곤충강에서 일곱 번째로 큰 무리로 전 세계에 65과 17,279종(TWc, 2023) 이상이 알려졌으며 학자에 따라서는 50,000여 종이 분포할 것으로 예상하기도 한다. 우리나라에는 25과 65속 271종(성충으로 218종, 유충으로 53종)이 보고되었다.(환경부, 2023)

날도래목의 가장 큰 특징은 물속에서 지내는 유충 시기에 집을 짓는 점이다. 집 형태는 서식처 상황에 따라 다르나 이용하는 재료는 식물질과 광물질이다. 집은 유충 몸을 보호하고 사냥하는 데에 도움을 주며 호흡 효율을 높인다. 일부 종은 집을 짓지 않으며, 일부 종은 물속에 그물을 쳐서 은신처를 만들고 그물에 걸려드는 유기물을 걸러 먹는다.

유충은 물속에 있는 부착 돌말, 조류(Algae), 낙엽 등 모든 유기물과 수서곤충, 연체동물을 잡아먹으며 하천생태계의 청소부 역할을 한다. 또한 민물고기, 일부 양서류와 파충류, 새의 먹이가 됨으로써 하천생태계 먹이사슬의 중간자 역할을 담당한다.

유충은 5번 정도 허물을 벗으며 1년 정도 물속에서 생활한 뒤에 번데기가 되지만, 일부 종은 물속에서 2개월에서 2년을 지내기도 한다.

번데기는 2~3주 동안 물속 번데기 방에서 지낸다. 단단한 바위나 돌, 나뭇가지에 견고하게 방을 만들고 그 안에서 견사와 미네랄 입자로 고치를 틀며, 고치 양쪽 끝을 방 안쪽 벽면에 붙이고 지낸다. 물속에서 무리 지어 번데기를 튼 모습을 볼 수 있는데 이것은 짧은 성충 시기에 짝짓기 기회를 많이 얻고자 흩어져 살던 유충들이 한곳으로 모여 번데기가 된 뒤 날개돋이를 준비하기 때문이다. 일부 종은 몇 달씩 번데기 상태로 휴면한다.

성충은 하천 주변에서 멀리 벗어나지 않고 물가나 근처 숲에서 보인다. 주변 환경과 어우러져 눈에 잘 띄지 않으며 앉을 때는 날개를 지붕(삼각 텐트) 모양으로 접는다. 낮에는 주로 숨어 있으나, 때로 수분을 섭취하거나 짝을 찾아 돌아다니기도 한다. 해 질 무렵에 활발하고 짝짓기 비행을 시작한다. 종에 따라 다르지만 성충 수명은 2주~2달이다. 큰턱은 없거나 퇴화해 씹어 먹지 못하고 주둥이(흡관)로 수분을 흡수한다. 과즙이나 수액 또는 진딧물의 분비물 같은 액체를 흡수하는 종도 있다. 암컷은 페르몬을 분비해 수컷을 유인하며 배 끝을 서로 맞대고 짝짓기한다.

국명 '날도래'의 유래는 정확히 알 수 없지만 일제 강점기에 '토비케라(トビケラ)'라고 기록한 것으로 보아 날아다니는 땅강아지라는 뜻을 지닌 듯하다. 일본어로 '토비'는 날다라는 뜻이고 '케라'는 땅강아지를 뜻하며, 예부터 우리나라에서는 땅강아지를 땅개비, 도루래, 돌도래 등으로 불렀다. 북한 『곤충분류명집』에서는 날도래목을 '풀미기목'으로 기록했다.

날도래목 과 분류표

국명	크기 (mm)	유충 집 모양
물날도래과 Rhyacophilidae	5~15	자유 생활
긴발톱물날도래과 Hydrobiosidae	7~10	자유 생활
애날도래과 Hydroptilidae	3~5	납작한 지갑 모양
광택날도래과 Glossosomatidae	5~12	볼록한 거북 등 모양
입술날도래과 Philopotamidae	6~12	막질의 그물 모양
각날도래과 Stenopsychidae	15~25	그물을 쳐서 은신처 만듬
줄날도래과 Hydropsychidae	7~15	그물을 쳐서 은신처 만듬
깃날도래과 Polycentropodidae	5~10	그물을 쳐서 은신처 만듬
별날도래과 Ecnomidae	5~7	가는 관 모양
통날도래과 Psychomyiidae	3~8	가는 관 모양
날도래과 Phryganeidae	20~45	관 모양(식물질 이용)
둥근날개날도래과 Phyganopsychidae	15~16	관모양(식물 조각 이용)
둥근얼굴날도래과 Brachycentridae	5~7	관 모양(식물질 이용)
우묵날도래과 Limnephilidae	7~30	관 모양(식물질, 광물질 이용)
가시우묵날도래과 Uenoidae	15	관 모양(광물질 이용)
가시날도래과 Goeridae	7~12	관 모양(광물질 이용)
애우묵날도래과 Apataniidae	8~12	관 모양(광물질 이용)
네모집날도래과 Lepidostomaridae	5~10	관 모양(식물질, 광물질 이용)
털날도래과 Sericostomatidae	7~8	관 모양(광물질 이용)
날개날도래과 Molannidae	10~13	관 모양(광물질 이용)
바수염날도래과 Odontoceridae	10~15	관 모양(광물질 이용)
채다리날도래과 Calamoceratidae	10~25	관 모양(식물질 이용)
나비날도래과 Leptoceridae	5~15	관 모양(식물질, 광물질 이용)

출현시기 (집중출현시기)	성충 홑눈	성충 작은턱수염		성충 다리 가시 (spur)
		수컷	암컷	앞-가운데-뒷다리
3~10월(4~5)	○	5	5	3-4-4
4~10월(4~5, 9~10)	○	5	5	1(2)-4-4
4~10월	○, X	5	5	(0~1)-(2~3)-4
3~10월	○	5	5	0-4-3, 2-4-4
3~11월	○	5	5	1-4-4, 2-4-4
4~10월(5~7)	○	5	5	(0~3)-4-4
4~11월	X	5	5	1(2)-4-4
4~10월	X	5	5	3-4-4
5~9월(6~8월)	X	5	5	2(3)-3(4)-4
4~10월	X	5 or 6	5 or 6	2-4-4
4~9월	○	4	5	2-4-4
3~5월, 10월	○	4	5	2-4-4
3~8월	X	3	5	2-2(3)-2(3)
4~10월	○	3	5	0(1)-1(2-3)-1(2-4) 1-3-4
9~10월	○	3	5	1-2-2, 1-2-4
4~10월	X	3	5	1(2)-4-4
3~5월, 10~11월	○	3	5	1-2(3)-2(4)
3~10월	X	3	5	2-4-4
4~6월	X	3	5	2-4-4
5~9월	X	5	5	2-4-4
4~10월(4~6, 9~10)	X	5	5	2-4-4
4~8월	X	5 or 6	5 or 6	2-4-3(4)
3~11월(5~9월)	X	5	5	0(1)-2-2

올챙이물날도래 *Rhyacophila lata*

크기 15~18mm
먹는 방법 잡아먹는 무리
행동 붙는 무리
관찰지 계류, 평지 하천

● 검은머리물날도래로 알려졌던 종이었으나 올챙이물날도래로 밝혀져 동종이명 처리되었다.

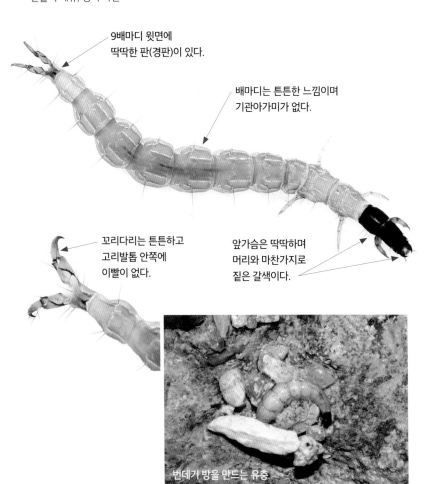

9배마디 윗면에 딱딱한 판(경판)이 있다.

배마디는 튼튼한 느낌이며 기관아가미가 없다.

꼬리다리는 튼튼하고 고리발톱 안쪽에 이빨이 없다.

앞가슴은 딱딱하며 머리와 마찬가지로 짙은 갈색이다.

번데기 방을 만드는 유충

짝짓기

홑눈이 있다.

작은턱수염은 5마디이고
두 번째 마디는 공 모양이다.

앞다리에
앞끝가시가
있다.

끝가시

용수물날도래 *Rhyacophila retracta*

크기 15mm 안팎

먹는 방법 잡아먹는 무리

행동 붙는 무리

관찰지 계류, 평지 하천

머리 윗면에
굵은 V자 줄무늬가 있다.

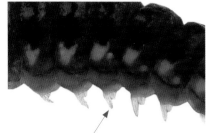

2~8배마디에 손가락 모양
기관아가미가 2쌍씩 있다.

고리발톱 안쪽에
큰 이빨이 2개 있다.

짝짓기

홑눈이 있다.

날개의 흰색 반점이
독특한 무늬를 이룬다.

작은턱수염은 5마디이고
두 번째 마디는 공 모양이다.

무늬물날도래 *Rhyacophila narvae*

크기 15mm 안팎

먹는 **방법** 잡아먹는 무리

행동 붙는 무리

관찰지 계류

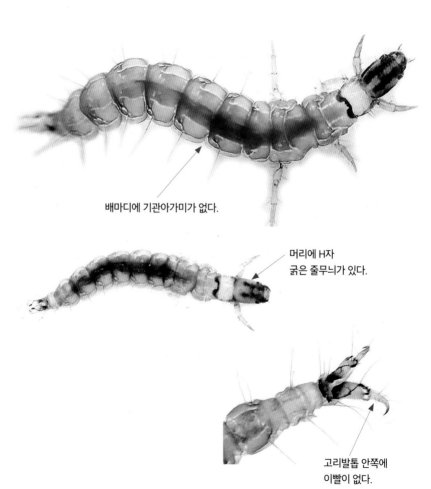

배마디에 기관아가미가 없다.

머리에 H자
굵은 줄무늬가 있다.

고리발톱 안쪽에
이빨이 없다.

더듬이 길이가
몸길이와 비슷하다.

홑눈이 있다.

날개맥이
잘 보인다.

날개 털이 빠지면 날개에 무늬가 없는 것처럼 보이기도 한다.

긴발톱물날도래 *Apsilochorema sutshanum*

크기 15mm 안팎
먹는 방법 잡아먹는 무리
행동 붙는 무리
관찰지 계류, 평지 하천

● 국외반출승인대상종

앞가슴은 앞쪽 폭이 넓고
뒤쪽 폭은 좁은 사다리꼴이다.

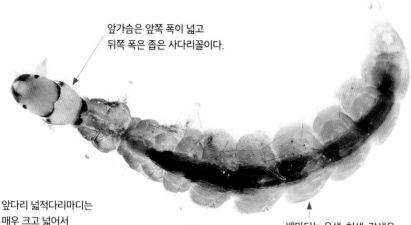

앞다리 넓적다리마디는
매우 크고 넓어서
나머지 다리와 확실히
구별된다.

배마디는 옥색, 청색, 갈색을
띤다.

고치를 보호하고자 모래로 돔 모양 번데기 방을 만든다.

날개 위쪽에 짧은 털이
솟구치듯 나 있다.

홑눈이 있다.

작은턱수염은 5마디이고
두 번째 마디는 막대 모양이다.

위에서 볼 때 날개 중앙의 흰색
가로맥이 뚜렷하게 보인다.

애날도래 KUa *Hydroptila* KUa

크기 3mm 안팎
먹는 방법 긁어 먹는 무리
행동 붙는 무리
관찰지 계류, 평지 하천, 강

● 애날도래속(*Hydroptila*)에는 성충 10종이 기록되었으며 형태가 모두 비슷해 교미기를 살펴 동정한다. 일반적인 형태인 유충과 성충을 소개한다.

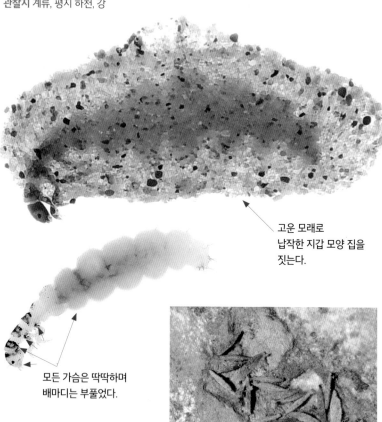

고운 모래로
납작한 지갑 모양 집을
짓는다.

모든 가슴은 딱딱하며
배마디는 부풀었다.

돌 위에 번데기를 틀었다.

애날도래 sp. *Hydroptila* sp.

앞날개의 털은 여러 방향으로 솟구치듯 나며
흰색과 회색 털이 일정한 무늬를 이룬다.

더듬이는
몸길이보다 짧으며
구슬을 꿴 것 같다.

광택날도래 KUa *Glossosoma* KUa

크기 10mm 안팎
먹는 방법 긁어 먹는 무리
행동 붙는 무리
관찰지 계류, 평지 하천, 강

- *Glossosoma* 속 성충은 2종으로 유충 형태가 매우 비슷하다. 유충 분류 연구가 필요하다. 성충도 형태가 비슷하며 우수리광택날도래가 가장 폭넓게 출현한다.

양쪽으로 머리와 꼬리를 내밀 수 있도록 구멍을 낸다.

머리를 배 쪽으로 숙이고 있으며 앞가슴은 딱딱하다.

모래로 거북 등과 같이 볼록한 집을 짓는다.

80

우수리광택날도래 *Glossosoma ussuricum*

짝짓기

홑눈이 있다.

날개에 밝은 갈색 반점이 있다.

암컷의 가운데다리 발목마디는 납작하다.

작은턱수염은 5마디이고 두 번째 마디는 공 모양이다.

끝가시가 2개 있다.

입술날도래 KUa *Wormaldia* KUa

크기 15mm 안팎

먹는 **방법** 걸러 먹는 무리

행동 붙는 무리

관찰지 계류, 평지 하천

- *Wormaldia* 속 성충은 2종으로 유충 형태가 매우 비슷하다. 유충 분류 연구가 필요하다. 성충도 형태가 비슷하며 입술날도래가 가장 폭넓게 출현한다.

머리와 앞가슴은 딱딱하고 노란색이다.

배마디는 막질이며 연약하다.

윗입술은 막질이며 먹이를 모아 먹는다.

모양이 일정하지 않은 막질 그물을 친다.

입술날도래 _Wormaldia niiensis_

작은턱수염은
5마디이고,
마지막 마디는
네 번째 마디보다
2배 이상 길다.

날개 앞쪽 털이 머리를 향해
솟아나듯 난다.

연날개수염치레각날도래 *Stenopsyche bergeri*

크기 40mm 안팎

먹는 방법 걸러 먹는 무리

행동 붙는 무리

관찰지 계류, 평지 하천

● 국외반출승인대상종

머리와 앞가슴은 딱딱하고
일정한 점무늬가 있다.

배마디는 막질이며
광택이 난다.

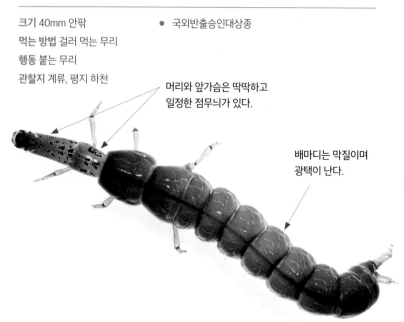

▶ 연날개수염치레각날도래와 멋쟁이각날도래 비교

연날개수염치레각날도래

등기저돌기

배기저돌기

앞다리 밑마디의 등기저돌기 길이가
배기저돌기와 비슷하다.

멋쟁이각날도래

등기저돌기

배기 저돌기

앞다리 밑마디의 등기저돌기가
뚜렷하게 길다.

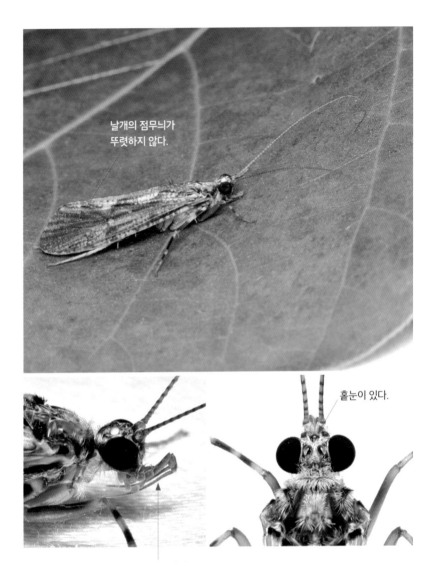

날개의 점무늬가
뚜렷하지 않다.

홑눈이 있다.

작은턱수염은 5마디이고
마지막 마디는
채찍 모양으로
끝이 가늘어지며 길다.

멋쟁이각날도래 *Stenopsyche marmorata*

크기 40mm 안팎

먹는 방법 걸러 먹는 무리

행동 붙는 무리

관찰지 계류, 평지 하천

● 유충은 수염치레각날도래로 알려졌으나 멋쟁이각날
도래로 밝혀져 동종이명 처리되었다.

모든 다리의 길이와 크기가
비슷하다.

머리는 말 머리처럼
폭에 비해 길이가 길다.

주변 자갈과 모래를 이용해 그물을 쳐서 은신처를 만든다.

짝짓기

홑눈이 있다.

날개에 점무늬가
뚜렷하다.

작은턱수염은 5마디이고
마지막 마디는 채찍 모양으로
끝이 가늘어지며 길다.

꼬마줄날도래 sp. *Cheumatopsyche* sp.

크기 10mm 안팎
먹는 방법 걸러 먹는 무리
행동 붙는 무리
관찰지 계류, 평지 하천, 강

● *Cheumatopsyche* 속 성충은 3종으로 유충 형태가 매우 비슷하다. 각 종의 유충 분류 연구가 필요하다.

부채꼴 모양 긴 털이 있다.

머리와 각 가슴은 딱딱하다.

배마디 아랫면에
다발 모양 기관아가미가 있다.

앞가슴 아래에
경판이 1개 있다.

구조물에 그물집을 지은 유충

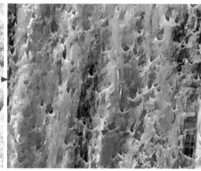

구멍마다 한 마리씩 들어 있다.

물결꼬마줄날도래 *Cheumatopsyche infascia*

짝짓기

날개 끝에 흰색 반점이 있다.

작은턱수염은 5마디이고
마지막 마디는 채찍 모양으로
끝이 가늘어지며 길다.

흰띠꼬마줄날도래 *Cheumatopsyche albofasciata*

두껍고 뚜렷한
흰 띠가 있다.

작은턱수염은 5마디이고
마지막 마디는 채찍 모양으로
끝이 가늘어지며 길다.

줄날도래 *Hydropsyche kozhantschikovi*

크기 15mm 안팎
먹는 방법 걸러 먹는 무리
행동 붙는 무리
관찰지 평지 하천, 강

● 성충 흰점줄날도래와 생김새가 비슷하고, 한 장소에서 함께 출현하므로 구별할 때 주의해야 한다.

부채꼴 모양
긴 털이 있다.

머리 윗면에 흰색 반점이
5개 있다.

앞가슴 아랫면에
딱딱한 판이 1쌍 있다.

머리와 가슴은 딱딱하다.

배마디 기관아가미는 가운데의 자루 모양
줄기에서 가지처럼 갈라진다.

그물로 은신처를 만들고 있다.

줄날도래 그물집

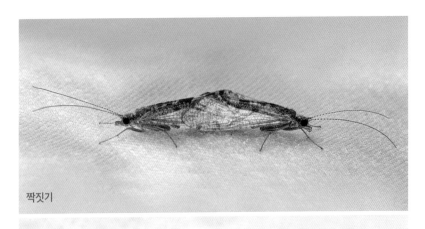

짝짓기

날개는 밝은 갈색이며
작은 반점이 퍼져 있다.

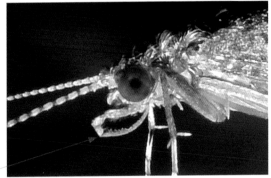

작은턱수염은 5마디이고
마지막 마디는 채찍 모양으로
끝이 가늘어지며 길다.

큰줄날도래 *Macrostenum radiatum*

크기 20mm 안팎

먹는 방법 잡아먹는 무리

행동 붙는 무리

관찰지 계류, 평지 하천, 강

모든 가슴은 딱딱하다.

머리는 딱딱하고 비스듬하게
납작하다.

배마디 기관아가미는 가운데의 자루 모양 줄기에서
일정한 간격으로 가지처럼 갈라진다.

모래를 모아 은신처를 만들고 실을 뽑아
막질로 된 둥근 입구를 낸다.

더듬이가 몸길이의 2배 이상으로 길다.

홑눈은 없고
앞혹이 두드러진다.

가운데가슴은
혹이 없이 밋밋하다.

깃날도래 KUa *Plectrocnemia* KUa

크기 15mm 안팎
먹는 방법 잡아먹는 무리, 걸러 먹는 무리
행동 붙는 무리
관찰지 계류, 평지 하천

● *Plectrocnemia* 속 성충은 4종으로 유충 형태가 매우 비슷하다. 각 종의 유충 분류 연구가 필요하다.

머리와 앞가슴은 밝은 노란색이며 딱딱하고 반점이 일정한 무늬를 이룬다.

꼬리다리가 매우 가늘고 길다.

몸은 밝고 투명한 편으로 몸속 장기가 보이거나 물이 반사되어 반짝거린다.

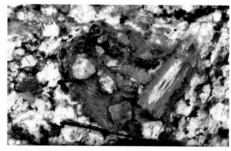

유기물이나 모래로 모양이 일정하지 않은 은신처를 만든다.

용추깃날도래 *Plectrocnemia kusnezovi*

가슴 털이 검고 길어
날개 털과 구별된다.

앞끝가시

끝가시

작은턱수염 마지막 마디는
채찍 모양으로 길다.

앞다리에 앞끝가시가 있다.

별날도래 sp. *Ecnomus* sp.

크기 8mm 안팎
먹는 방법 걸러 먹는 무리
행동 붙는 무리
관찰지 계류, 평지 하천

● *Ecnomus* 속 성충은 3종으로 유충 형태가 매우 비슷하다. 유충 분류 연구가 필요하다. 성충도 형태가 비슷하며 별날도래가 가장 폭넓게 출현한다.

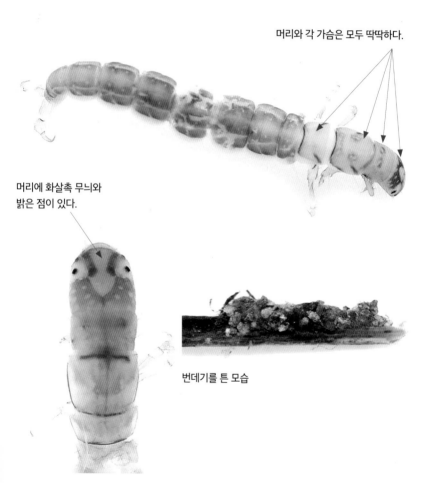

머리와 각 가슴은 모두 딱딱하다.

머리에 화살촉 무늬와 밝은 점이 있다.

번데기를 튼 모습

별날도래 *Ecnomus tenellus*

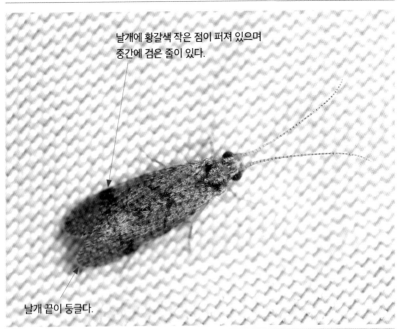

날개에 황갈색 작은 점이 퍼져 있으며
중간에 검은 줄이 있다.

날개 끝이 둥글다.

작은턱수염은 5마디이며
마지막 마디가 가장 길다.

통날도래 KUa *Psychomyia KUa*

크기 7mm 안팎
먹는 방법 긁어 먹는 무리, 주워 먹는 무리
행동 붙는 무리
관찰지 평지 하천, 강

● *Psychomyia* 속 성충은 5종으로 유충 형태가 매우 비슷하다. 유충 분류 연구가 필요하다. 성충도 형태가 비슷해서 교미기를 살펴 구별한다. 흔히 보이는 꼬마통날도래를 소개한다.

머리와 앞가슴은 딱딱하다.

앞 가장자리 가운데가 움푹 패어 있다.

모래나 조류로 가늘고 구부러진 집을 짓는다.

꼬마통날도래 *Psychomyia minima*

짝짓기

날개는 밝은 갈색이며
무늬가 없다.

작은턱수염은 5마디이며
마지막 마디는 가늘고 길다.

굴뚝날도래 *Semblis phalaenoides*

크기 45mm 안팎

먹는 방법 잡아먹는 무리, 썰어 먹는 무리

행동 기는 무리, 기어오르는 무리

관찰지 계류, 평지 하천, 고산 습지

● 국외반출승인대상종

머리와 앞가슴은 딱딱하고
세로 줄이 선명하다.

식물질을 기다란 사각형으로 잘라
원통형 집을 짓는다.

가운데가슴은 작고 딱딱한 판으로 되어 있으며
세로 줄이 2개 있다.

등 융기와 옆 융기가 뚜렷하다.

기관아가미는 실 모양이고 각 배마디마다 앞뒤로 1쌍씩 있다.

날개는 크고
뚜렷한 검은 반점이 있다.

작은턱수염은
수컷 4마디, 암컷 5마디이다.

홑눈이 있다.

둥근날개날도래 *Phryganopsyche latipennis*

크기 30mm 안팎

먹는 방법 썰어 먹는 무리, 주워 먹는 무리

행동 기어오르는 무리

관찰지 계류, 평지 하천, 강

● 국외반출승인대상종

머리는 눈 주위를 제외하고
광택이 나는 흑갈색이며
앞가슴은 딱딱하다.

식물 찌꺼기로 흐물거리는
집을 짓는다.

배는 가늘고 길며
실 모양 기관아가미가 있다.

가운데가슴은
일부만 딱딱하다.

홑눈이 있다.

날개에 광택이 돌며
흑갈색 얼룩무늬가 있다.

홑눈과 머리, 가슴의 흑은
털로 덮여 있을 때
잘 드러나지 않는다.

작은턱수염은
수컷 3마디,
암컷 5마디이다.

둥근얼굴날도래 *Micrasema hanasense*

크기 5mm 안팎

먹는 방법 썰어 먹는 무리, 주워 먹는 무리

행동 붙는 무리, 기는 무리

관찰지 계류, 평지 하천

물풀 줄기로 집을 짓는다.

머리와 앞가슴은 딱딱하다.

머리 윗면에
밝은 V자 무늬가 있다.

더듬이 길이는 몸길이 정도이다.

날개는 전체적으로 흑갈색이며 무늬가 없다.

수컷의 작은턱수염은 3마디이고
털로 덮여 있으며 몸 쪽으로 말려 있다.

암컷의 작은턱수염은 5마디이다.

띠무늬우묵날도래 *Hydatophylax nigrovittatus*

크기 35mm 안팎

먹는 방법 썰어 먹는 무리

행동 기어오르는 무리

관찰지 계류, 평지 하천, 고산 습지

● 국외반출승인대상종

머리와 앞가슴, 가운데가슴에
진한 갈색 반점이 많다.

각 배마디 앞뒤로
실 모양 기관아가미가 1개씩 있다.

모래, 나뭇잎과 줄기 등으로
긴 원통형 집을 짓는다.

▶ 띠무늬우묵날도래속(*Hydatophylax*) 유충의 다양한 집

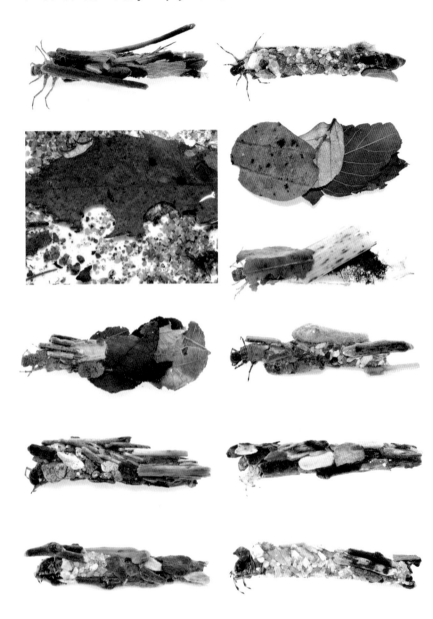

짝짓기

앞가슴과 다리는 짙은 갈색이다.

날개는 광택이 돌며 반투명하고, 갈색 반점이 있다.

수컷의 작은턱수염은 3마디이다.

암컷의 작은턱수염은 5마디이다.

무늬날개우묵날도래 *Hydatophylax grammicus*

식물질을 타원형으로 잘라서
매끈한 원통형 집을 짓는다.

앞가슴과 다리의 밑마디,
넓적다리마디는 주황색이다.

날개는 광택이 돌며 반투명하고,
갈색 반점이 있다.

캄차카우묵날도래 *Ecclisomyia kamtshatica*

크기 15mm 안팎

먹는 **방법** 썰어 먹는 무리

행동 기는 무리

관찰지 계류, 평지 하천

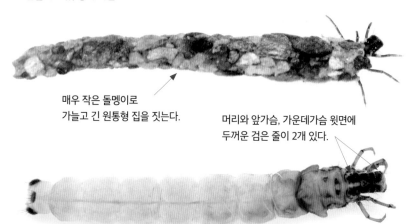

매우 작은 돌멩이로
가늘고 긴 원통형 집을 짓는다.

머리와 앞가슴, 가운데가슴 윗면에
두꺼운 검은 줄이 2개 있다.

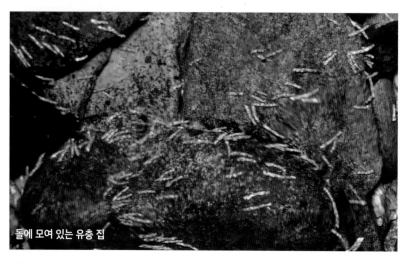

돌에 모여 있는 유충 집

짝짓기

홑눈이 있다.

더듬이는 톱니 모양이며
몸길이와 길이가 비슷하다.

다리에 잔가시가 촘촘히 난다.

모시우묵날도래 sp. *Limnephilus* sp.

크기 20~25mm

먹는 방법 썰어 먹는 무리

행동 기는 무리

관찰지 계류, 평지 하천, 고산 습지

● *Limneplilus* 속 성충은 7종으로 유충 형태가 매우 비슷하다. 각 종의 유충 분류 연구가 필요하다.

한가운데에 T자 갈색 무늬가 있고 주변으로 갈색 반점이 퍼져 있다.

집은 식물질만 사용해
원통형, 삼각형, 사각형으로 짓는다.

동양모시우묵날도래 *Limnephilus orientalis*

앞날개는 길이가 폭보다 3배 정도 길다.

가운데가슴의 혹은 길쭉하다.

가시우묵날도래 sp. *Neophylax* sp.

크기 15mm 안팎
먹는 방법 긁어 먹는 무리
행동 붙는 무리
관찰지 계류, 평지 하천

● *Neophylax* 속 성충은 4종으로 유충 형
태가 매우 비슷하다. 각 종의 유충 분류
연구가 필요하다.

집 입구 양쪽 옆면에 큰 돌을 붙인다.

머리는 폭이 좁으며
배 쪽을 향해 굽었다.

앞가슴 윗면에 짧은 강모가
촘촘히 나 있다.

바위에 집을 붙이고 4~5개월 동안 번데기 상태로 지낸다.

신라가시우묵날도래 *Neophylax sillensis*

날개 끝은 물결 모양이다.

수컷의 작은턱수염은
3마디이다.

다리에 날카로운 잔가시가
촘촘히 나 있다.

암컷의 작은턱수염은 5마디이다.

가시날도래 sp. *Goera* sp.

크기 10mm 안팎

먹는 방법 긁어 먹는 무리

행동 붙는 무리

관찰지 계류, 평지 하천, 강

● *Goera* 속 성충은 9종으로 유충 형태가 매우 비슷하다. 유충 분류 연구가 필요하다. 성충도 형태가 비슷하며 알록가시날도래가 가장 폭넓게 출현한다.

집 양 옆에 큰 돌을 3개 붙인다.

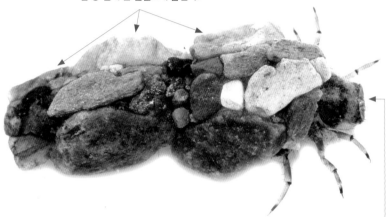

머리 윗면은 눌린 듯 납작하다.

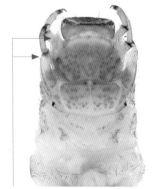

앞가슴, 가운데가슴 앞 양쪽 가장자리가 뾰족하게 튀어나왔다.

바위에 붙은 유충 집

알록가시날도래 *Goera horni*

날개는 밝은 갈색이며 무늬가 없다.

수컷의 작은턱수염 세 번째 마디에는
털이 나 있고 배 쪽으로 말려 있다.

암컷의 작은턱수염 다섯 번째 마디에는
털이 없다.

애우묵날도래 KUa *Apatania* KUa

크기 8mm 안팎
먹는 방법 긁어 먹는 무리
행동 붙는 무리, 기는 무리
관찰지 계류, 평지 하천

● *Apatania* 속 성충은 4종으로 유충 형태가 매우 비슷하다. 유충 분류 연구가 필요하다. 성충도 형태가 비슷하며 한 장소에서 큰애우묵날도래, 애우묵날도래, 넓은애우묵날도래가 함께 출현한다.

머리는 작고 역삼각형이며 항상 아래를 향한다.

앞가슴, 가운데가슴은 딱딱하다.

번데기를 튼 모습

큰애우묵날도래 *Apatania maritima*

날개는 적갈색이며
불규칙한 노란 반점이 있다.

암컷의 작은턱수염은
5마디로 털이 없다.

갓 날개돋이한 성충

가운데가슴 순판과 소순판에
작은 혹이 1쌍씩 있다.

매우 짧은 황갈색 털이 촘촘하게 나
날개 다른 곳과 구분된다.

네모집날도래 KUa *Lepidostoma* KUa

크기 10mm 안팎
먹는 방법 썰어 먹는 무리, 주워 먹는 무리
행동 붙는 무리, 기는 무리
관찰지 계류, 평지 하천, 강

- *Lepidostoma* 속 성충은 7종으로 유충 형태가 매우 비슷하다. 각 종의 유충 분류 연구가 필요하다.

낙엽을 사각형으로 오려서
사각 기둥 모양으로 집을 짓는다.

머리와 앞가슴, 가운데가슴 윗면에
밝은 점이 있다.

배마디의 기관아가미는 실 모양이다.

▶ 네모집날도래속(*Lepidostoma*) 유충의 다양한 집

나뭇잎으로 집을 짓는 종들도 1~3령기에는 모래로 원뿔형 집을 짓거나
나뭇잎과 모래를 혼합해 집을 짓기도 한다.

네모집날도래 *Lepidostoma albardanum*

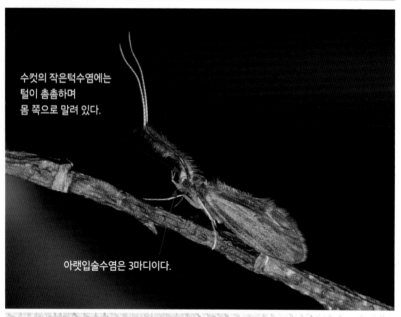

수컷의 작은턱수염에는
털이 촘촘하며
몸 쪽으로 말려 있다.

아랫입술수염은 3마디이다.

더듬이 첫 번째 마디는 길고 두 부분으로 나뉘며
긴 털이 난다.

흰점네모집날도래 *Lepidostoma elongatum*

짝짓기

더듬이 첫 번째 마디는
길고 두 부분으로 나뉘며
긴 털이 난다.

▶ 네모집날도래와 흰점네모집날도래 더듬이 비교

네모집날도래

더듬이 첫 번째 마디 시작 부분은
매끈하다.

흰점네모집날도래

더듬이 첫 번째 마디 시작 부분이 넓어져
납작하게 튀어나온 듯이 보인다.

동양털날도래 *Gumaga orientalis*

크기 6mm 안팎

먹는 방법 썰어 먹는 무리

행동 기는 무리

관찰지 계류, 평지 하천, 강

● 국외반출승인대상종

뒷다리가 가장 길다.

가는 모래로 끝이 좁아지는
원통형 집을 짓는다.

머리, 앞가슴, 가운데가슴은
딱딱하며 짙은 갈색이다.

번데기를 튼 모습

짝짓기

각 다리는 밝은 갈색으로
마른 막대처럼 보인다.

작은턱수염은 5마디이고 털이 난다.

가운데가슴 앞쪽 한가운데가 움푹 파인다.

127

날개날도래 *Molanna moesta*

크기 12mm 안팎

먹는 방법 긁어 먹는 무리, 주워 먹는 무리

행동 붙는 무리, 기는 무리

관찰지 계류, 평지 하천, 강, 연못, 저수지

머리 윗면에
굵고 검은
V자 줄이 있다.

뒷다리가 가장 길고 털이 나 있다.

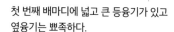

첫 번째 배마디에 넓고 큰 등융기가 있고
옆융기는 뾰족하다.

모래로 입구가 넓은 부채꼴 집을 짓는다.

집이 날개처럼 납작한 모양이어서
폴짝폴짝 뛰듯이 이동한다.

작은턱수염은 5마디이며
털이 나 있다.

날개는 폭이 좁고 길다.

물풀 줄기에
머리를 아래로 향하고
앉는다.

수염치레날도래 *Psilotreta locumtenens*

크기 10mm 안팎

먹는 방법 긁어 먹는 무리, 주워 먹는 무리

행동 기는 무리

관찰지 계류, 평지 하천

- *Psilotreta* 속 성충은 2종으로 유충 형태가 매우 비슷하다. 유충 분류 연구가 필요하다. 성충도 형태가 비슷해서 교미기를 살펴 구별한다.
- 한반도고유종, 국외반출승인대상종

머리 윗면에는 굵은 줄이 3개 있고
앞가슴, 가운데가슴에도 굵은 줄이 2개 있다.

모래를 촘촘히 붙여 원통형 집을 짓는다.

령기가 낮은 유충은 무리를 이루기도 한다.

물속에 떨어진 오디를 먹는 유충

130

수컷은 더듬이 색이 밝은 개체도 있다.

짝짓기

전체적으로 검은색이다.

작은턱수염은 5마디이고
털로 덮여 있다.

수변 식물 줄기에 앉은 성충들

어깨채다리날도래 *Anisocentropus kawamurai*

크기 15mm 안팎

먹는 방법 썰어 먹는 무리

행동 기는 무리

관찰지 계류, 평지 하천, 저수지

낙엽을 타원형으로 2장 오린 뒤에
큰 낙엽을 집 윗면으로 쓴다.

뒷다리가 가장 길다.

몸은 전체적으로
밝은 노란색이고 납작하다.
배마디에는 옆줄 털이 있으며
기관아가미는
가느다란 실 모양이다.

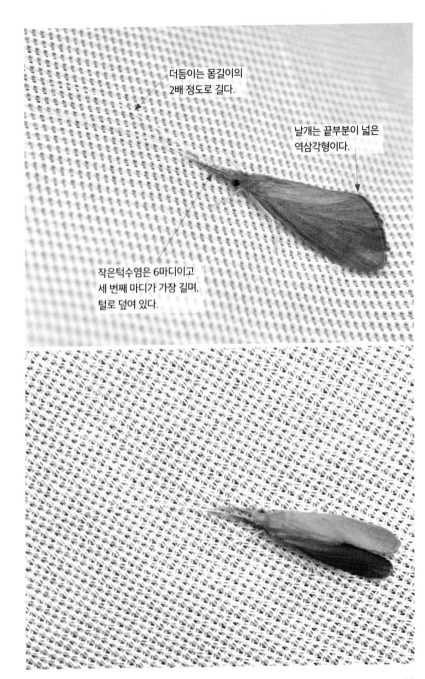

더듬이는 몸길이의
2배 정도로 길다.

날개는 끝부분이 넓은
역삼각형이다.

작은턱수염은 6마디이고
세 번째 마디가 가장 길며,
털로 덮여 있다.

나비날도래 sp. *Ceraclea (Athripsodina)* sp.

크기 10mm 안팎
먹는 방법 썰어 먹는 무리, 주워 먹는 무리
행동 기는 무리
관찰지 평지 하천, 강

● *Ceraclea (Athripsodina)* 속 성충은 6종으로 유충 형태가 매우 비슷하다. 각 종의 유충 분류 연구가 필요하다.

뒷다리가 가장 길다.

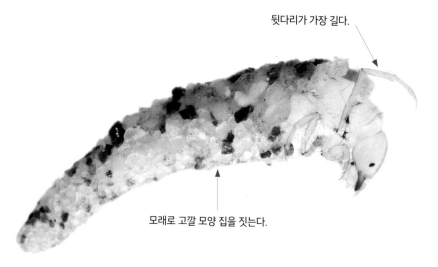

모래로 고깔 모양 집을 짓는다.

가운데가슴 윗면에
역괄호 무늬가 있다.

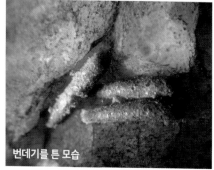

번데기를 튼 모습

▶ 나비날도래속(*Ceraclea*) 유충 집 모양

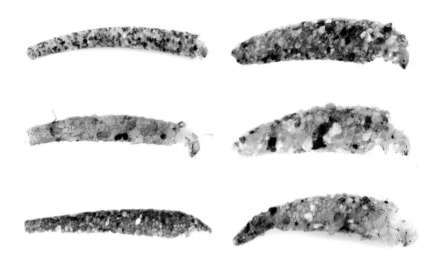

잎사귀나비날도래 *Ceraclea (Athripsodina) lobulata*

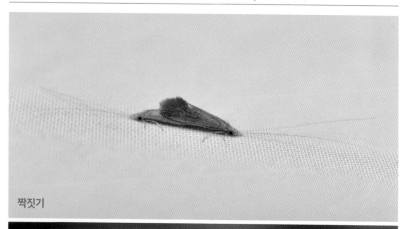

짝짓기

더듬이는 몸길이의
3배 정도로 길다.

날개는 담황색이며
특별한 무늬가 없다.

작은턱수염은 5마디이고
털로 덮여 있다.

장수나비날도래 *Ceraclea (Ceraclea) gigantea*

크기 17mm 안팎

먹는 방법 잡아먹는 무리, 주워 먹는 무리

행동 기는 무리

관찰지 계류, 평지 하천

● 국외반출승인대상종

모래로 긴 원통형 집을 짓는다.

유충이나 번데기 시절에
다슬기 등에 붙어 이동하기도 한다.

머리 윗면에
가는 V자 무늬가 있고
가운데가슴에
역괄호 무늬가 있다.

바위에 붙은 유충 집

137

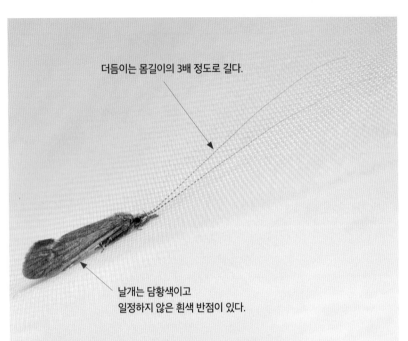

더듬이는 몸길이의 3배 정도로 길다.

날개는 담황색이고
일정하지 않은 흰색 반점이 있다.

작은턱수염은 5마디이고
털로 덮여 있다.

무늬나비날도래 sp. *Oecetis* sp.

크기 8mm 안팎
먹는 방법 썰어 먹는 무리, 주워 먹는 무리
행동 기는 무리, 붙는 무리
관찰지 계류, 평지 하천, 강

● *Oecetis* 속 성충은 8종으로 유충 형태가
매우 비슷하다. 각 종의 유충 분류 연구
가 필요하다.

머리 윗면에
검은 반점이 있다.

식물질로
고깔 모양 집을 짓는다.

배는 연약하고
기관아가미가
없다.

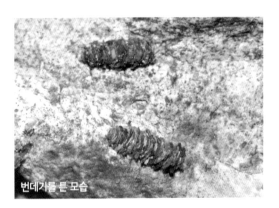

번데기를 튼 모습

길쭉나비날도래 *Oecetis testacea*

날개에 가로맥을 따라 검은 줄이 있다.

작은턱수염은 5마디이며 털로 덮여 있다.

날개에 아무런 무늬가 없는 개체도 있다.

고운나비날도래 *Oecetis yukii*

날개에 넓은 암갈색 무늬가 뚜렷하다.

가운데가슴은 길쭉하며 혹이 없다.

청나비날도래 KUa *Mystacides* KUa

크기 8mm 안팎
먹는 방법 썰어 먹는 무리, 주워 먹는 무리
행동 기는 무리
관찰지 계류, 평지 하천, 강

- *Mystacides* 속 성충은 2종으로 유충 형태가 매우 비슷하다. 유충 분류 연구가 필요하다. 성충도 형태가 비슷해서 교미기를 살펴 구별한다.

뒷다리가 가장 길다.

머리, 앞가슴, 가운데가슴 윗면의 검은 반점이
일정한 무늬를 이룬다.

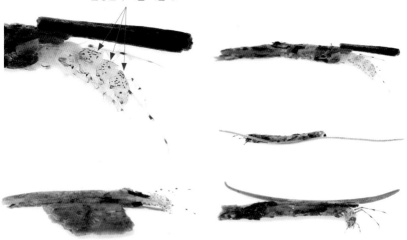

모래와 식물질로 가는 원통형 집을 짓으며 집 윗면에 가장 긴 식물질을 붙이는 편이다.

청나비날도래 *Mystacides azureus*

작은턱수염은 5마디이며
검고 털이 나 있다.

날개는 푸른빛이 도는 검은색이며
광택이 돈다.

연나비날도래 *Triaenodes unanimis*

크기 10mm 안팎

먹는 방법 썰어 먹는 무리

행동 기어오르는 무리

관찰지 계류, 평지 하천

물풀의 잎줄기나 뿌리를 잘라 나선형으로 감아서
긴 원통형 집을 짓는다.

머리, 앞가슴, 가운데가슴에 있는 검은 점이
일정한 무늬를 이룬다.

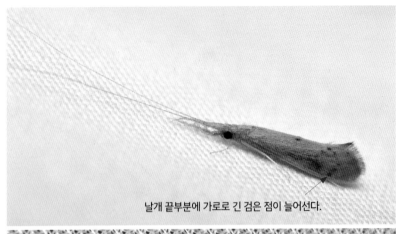

날개 끝부분에 가로로 긴 검은 점이 늘어선다.

위에서 보면 날개에 검은 점 2개가 뚜렷하다.

수컷 더듬이 첫 번째 마디에
암컷의 냄새를 감지하는
털 다발이 있다.

하루살이

하루살이

하루살이는 유충 시기에 물속에서 살고 몸도 작아서 쉽게 눈에 띄지 않지만 맑은 하천이나 계곡에서 물속을 가만히 들여다보면 꼬물거리는 모습을 볼 수 있다. 돌에 납작 달라붙어서 기어 다니거나 물고기처럼 빠르게 헤엄치다가 바위나 나뭇잎, 나뭇가지 등을 붙잡고 쉰다. 이때 몸을 위아래로 움직이는 모습이 마치 팔굽혀펴기를 하는 듯하다.

하루살이는 날개가 있으나(유시류, Pterygota) 배 위로 날개를 포개어 접을 수 없으며 위로 올려 맞닿게 붙일 수만 있는 원시형 날개가 달린 곤충(고시류, Palaeoptera)으로 알-유충-아성충-성충 단계를 거치는 불완전탈바꿈을 한다.

전 세계에 42과 442속 3,341종이 사는 것으로 알려졌으며(Catalogue Of Life, 2023.01.12). 우리나라에는 14과 35속 82종(북한 기록 종 및 강모래하루살이 포함)이 사는 것으로 알려졌으나(「국가생물종목록」에는 13과 34속 81종) 미기록종들도 종종 관찰되는 것을 보면 앞으로 더 많은 종이 밝혀질 수도 있으리라 생각한다. 여기에서는 우리나라의 계곡이나 맑은 하천에서 볼 수 있는 26종을 소개한다.

물의 흐름과 깊이 등 환경에 따라서 관찰되는 종이 다르나 대개 계곡이나 하천처럼 흐르는 물에서 보이며 일부 종은 흐름이 약하거나 고인 물에서도 보인다. 우리나라에 사는 종의 몸 길이는 5~30mm로 다양하고, 몸의 생김새도 서식 환경에 따라 납작하거나 유선형 또는 원통형이다. 머리에는 대개 홑눈 3개, 겹눈 1쌍, 더듬이 1쌍이 있다.

배는 10마디로 이루어지고, 각 배마디 옆면에 후측돌기가 매우 발달한 종도 있다. 보통 1~7배마디 옆 가장자리에 나뭇잎 모양, 판 모양, 달걀 모양, 깃털 모양 등으로 생긴 기관아가미가 1쌍 또는 2쌍 있으나 3~7배마디에만 기관아가미가 있는 종도 있다. 이 기관아가미로 물에 녹아 있는 산소(용존산소)를 흡수한다. 꼬리는 2개 또는 3개로 종에 따라 길거나 짧고 각 마디에 강모나 가는 털이 나기도 한다. 환경에 따라 달라질 수도 있으나 유충은 대개 10~30번 허물을 벗은 뒤에 아성충(subimago)으로 날개돋이한다.

유충은 종령이 되어 가면서 날개주머니가 점점 짙어진다. 종령이 되면 보통 몸과 허물 사이에 가스가 차서 물 표면으로 떠올라 날개돋이가 이루어지는데, 바위나 나뭇가지로 기어 올라와 붙어서 날개돋이하는 종도 있다.

성충은 몸이 연약하고, 보통 삼각형으로 생긴 큰 앞날개와 작은 뒷날개가 1쌍씩 있으며(예외도 있음) 날개맥이 복잡하다. 수컷 겹눈은 몸에 비해 크며 보통 위아래로 구분된다. 배는 10개 마디로 이루어지며 배 끝에 긴 꼬리가 2, 3개 있는데 보통 그 길이가 유충 때보다 길어 몸길이와 비슷하거나 2배 이상인 종도 있다. 주로 해 질 무렵에 이루어지는 짝짓기 군무(swarming)는 강한 빛과 포식자를 피하려는 목적으로 알려졌다.

유충은 대체로 조류나 퇴적물에서 유기물을 먹고 종에 따라 물속 생물을 잡아먹기도 하며 성장 단계마다 먹이사슬의 연결 고리가 된다. 알은 달팽이나 날도래 유충 등 물속 동물의 먹이가 되며, 유충은 물고기나 개구리, 수서곤충 등 더 큰 동물의 먹이가 된다. 또한 아성충이나 성충이 되어 뭍으로 나오면 새나 잠자리 같은 육상 동물의 먹이가 되며 습지 생태계와 육상 생태계를 잇는 역할을 한다.

1년 1세대 또는 1년 2세대인 종이 많으나 1년 다세대 또는 2년 1세대인 종도 있으며, 우리나라에는 없으나 4년 1세대인 종도 있다. 전체 생활사에서 유충 기간이 매우 길며 성충 시기는 매우 짧다. 다른 곤충과 달리 생식 기능이 없는 아성충 단계를 거치며, 성충이 되어서는 입이 퇴화해 먹이를 먹을 수 없고 오직 후손을 남겨 대를 잇는 일에 집중한다.

세갈래하루살이 *Choroterpes (Euthraulus) altioculus*

크기 6~10mm
먹는 방법 주워 먹는 무리
행동 기는 무리
관찰지 계류, 평지 하천, 강

꼬리는 3개이며 몸길이보다 길고
마디 끝에 강모가 둘러 난다.

1배마디에는 실 모양
기관아가미 1쌍 있다.

각 다리 넓적다리마디에
불규칙한 짙은 갈색 무늬가 있다.

2~7배마디에 3개로 갈라진
기관아가미가 2쌍씩 있다.

불규칙하고 짙은 무늬가 있다.

겹눈은 불그스름한 갈색이다.

꼬리마디 끝마다
짙은 무늬가 있다.

수컷 성충

수컷 아성충

암컷 성충

암컷 아성충

두갈래하루살이 *Paraleptophlebia japonica*

크기 10~12mm

먹는 방법 주워 먹는 무리

행동 기어 다니는 무리, 붙어 다니는 무리

관찰지 흐름이 있는 계류, 맑은 평지 하천

1~7배마디에 두 갈래로 갈라진
기관아가미가 1쌍씩 있다.

머리의 밝은 점

기관아가미

152

눈은 짙은 갈색이다.

봄형은 4~6배마디가 투명하게 보인다.

꼬리는 3개이고 짙은 회색이다.

수컷 성충

수컷 아성충

암컷 아성충

몸은 암수 모두 갈색을 띠며 아성충은 회색빛을 띠기도 한다.

암컷 성충

금빛하루살이 *Potamanthus yooni*

크기 13~15mm
먹는 방법 주워 먹는 무리
행동 기는 무리
관찰지 큰 하천이나 강

- 한반도고유종, 국외반출승인대상종
- 유충은 가람하루살이와 혼동될 때가 있다.

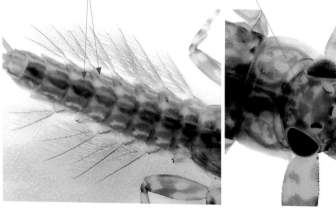

1배마디 기관아가미는
1쌍이며 막대 모양이다.

2~7배마디에 깃털 모양 기관아가미가
2쌍씩 있다.

겹눈과 겹눈 사이의 넓이는
겹눈 지름의 1~1.5배이다.

각 배마디 윗면에 세로 줄이 2쌍씩 있다.

큰턱의
짧은 돌출기

배마디 옆면에 붉고 굵은 사선 무늬가 있다.

수컷 성충

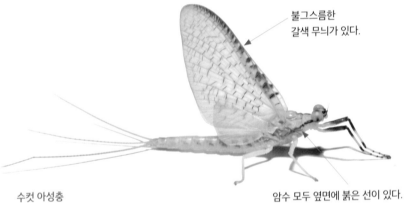

불그스름한 갈색 무늬가 있다.

수컷 아성충

암수 모두 옆면에 붉은 선이 있다.

암컷 아성충

꼬리는 2개만 남는다.

암컷 성충

강하루살이 *Rhoenanthus coreanus*

크기 17~28mm

먹는 방법 주워 먹는 무리

행동 붙는 무리

관찰지 평지 하천이나 강

● 한반도고유종, 국외반출승인대상종

1배마디의 기관아가미는
흔적만 남은 듯 짧다.

큰턱의 돌출기가 크다.

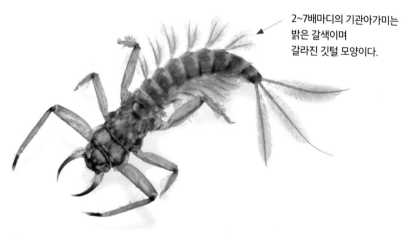

2~7배마디의 기관아가미는
밝은 갈색이며
갈라진 깃털 모양이다.

성충의 가운데 꼬리는 매우 가늘고 짧게
흔적만 남아서 꼬리가 두 개로 보인다.

수컷 성충

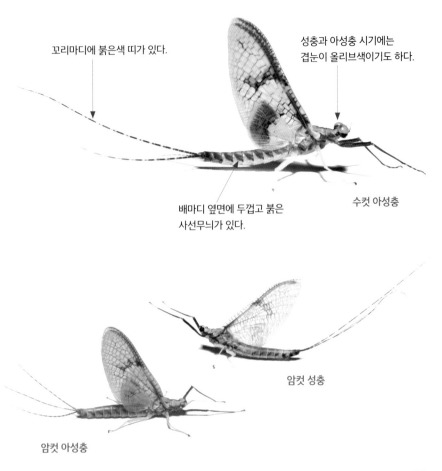

꼬리마디에 붉은색 띠가 있다.

성충과 아성충 시기에는
겹눈이 올리브색이기도 하다.

배마디 옆면에 두껍고 붉은
사선무늬가 있다.

수컷 아성충

암컷 성충

암컷 아성충

동양하루살이 *Ephemera orientalis*

크기 18~22mm, 암수 차이가 있음

먹는 방법 주워 먹는 무리

행동 굴 파는 무리

관찰지 평지 하천의 하류

● 국외반출승인대상종

7~9배마디 윗면에
세로 줄무늬가 3쌍씩 있다.

머리 앞 가장자리 돌출부가
얕게 오목하다.

1배마디의 기관아가미는 작고
기부에서 갈라진다.

2~7배마디에
기관아가미가 2쌍씩 있다.

꼬리에는 가늘고 긴 강모가
촘촘하게 나 있다.

큰턱 돌출기는 위로 향한다.

겹눈은
크고 검다.

수컷 아성충과 성충

아성충일 때는
몸길이만 하던 꼬리가 성충이 되면
몸의 2배 정도로 길어진다.

앞날개 중간 가장자리에
짙은 무늬가 있고,
뒷날개 가장자리의 회색 무늬는
성충이 되면 짙어진다.

수컷 아성충

암컷 성충

날개는 불투명한 흰색이다.

유충 시기부터 있던
윗면 세로 줄무늬가
그대로 나타난다.

암컷 아성충

가는무늬하루살이 *Ephemera separigata*

크기 20~24mm

먹는 방법 주워 먹는 무리

행동 굴 파는 무리

관찰지 하천 상류 및 산간 계류

● 한반도고유종, 국외반출승인대상종

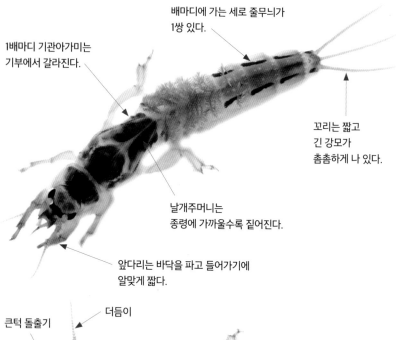

배마디에 가는 세로 줄무늬가 1쌍 있다.

1배마디 기관아가미는 기부에서 갈라진다.

꼬리는 짧고 긴 강모가 촘촘하게 나 있다.

날개주머니는 종령에 가까울수록 짙어진다.

앞다리는 바닥을 파고 들어가기에 알맞게 짧다.

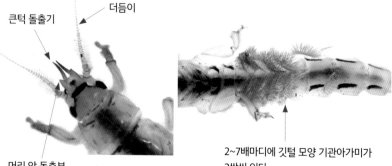

더듬이

큰턱 돌출기

머리 앞 돌출부

2~7배마디에 깃털 모양 기관아가미가 2쌍씩 있다.

우리나라 하루살이과 성충 중에서
꼬리가 가장 길다.

날개는 투명한 노란색이고
날개맥은 검은색이다.

수컷 성충

유충 시기부터 있던 배마디 옆면의
가는 줄무늬가 그대로 나타난다.

수컷 아성충

우화 시 탈피각에서
날개를 빼지 못했다.

암컷 성충

암컷 아성충

무늬하루살이 *Ephemera strigata*

크기 18~22mm

먹는 방법 주워 먹는 무리

행동 굴 파는 무리

관찰지 하천 중상류 및 중하류, 계류

● 국외반출승인대상종

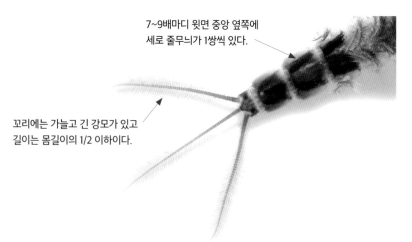

1배마디의 작은 기관아가미는
기부에서 갈라진다.

2~7배마디에는
깃털 모양 기관아가미
2쌍씩 있다.

7~9배마디 윗면 중앙 옆쪽에
세로 줄무늬가 1쌍씩 있다.

꼬리에는 가늘고 긴 강모가 있고
길이는 몸길이의 1/2 이하이다.

암컷에 비해 작고 날씬하며
꼬리가 길다.

꼬리는 3개이고
몸길이보다 길다.

수컷 성충

수컷 아성충

암컷 아성충

수컷에 비해 통통하며
유충 시기부터 있던 무늬가
그대로 나타난다.

암컷 성충

민하루살이 *Cincticostella levanidovae*

크기 10~15mm

먹는 방법 긁어 먹는 무리

행동 붙는 무리

관찰지 계류, 맑은 하천

● 서식 환경에 따라 몸 색깔 변이가 있다.

앞가슴 가장자리는 부푼 듯 옆면으로 확장된다.

꼬리 길이는 몸길이와 비슷하고 꼬리마디 끝에 짧은 강모가 둘러 난다.

2~9배마디 윗면의 검은 줄무늬를 따라 뾰족한 가시가 1쌍씩 있다.

2~4배마디 윗면 가시는 작지만 뚜렷하다.

앞가슴 끝이 앞쪽으로 튀어나왔다.

종령 유충 허물

막 허물을 벗은 유충

유충과 마찬가지로
두 마디마다 검은 띠가 있다.

겹눈은 크고 검다.

수컷 성충

수컷 아성충

암컷 아성충

유충 시기에 있던 배 윗면 세로 줄무늬는
암수 상관없이 아성충과 성충에서도
그대로 나타난다.

암컷 성충

뿔하루살이 *Drunella aculea*

크기 15~20mm

먹는 방법 긁어 먹는 무리, 잡아먹는 무리

행동 붙는 무리

관찰지 자갈이나 큰 돌이 많은 계류,
맑은 하천의 여울

● 한반도고유종, 국외반출승인대상종

3~7배마디에
기관아가미가 2쌍씩 있다.

꼬리는 가늘고 길며
강모열이 촘촘하다.

2~9배마디 윗면에
흔적만 남은 듯한 가시가
1쌍씩 있다.

가운데다리와 뒷다리 넓적다리마디에
갈색 띠가 2개씩 있다.

발목마디 2/3에 달하는
긴 가시가 있다.

앞다리 넓적다리마디에
돌기와 가시가 있다.

머리에 크기가 다른 뿔이
5개 있다.

수컷 성충

겹눈은 크고 초콜릿색이며 이중 구조다.

뒷날개는 투명하며 맑은 갈색이다.

수컷 성충

수컷 아성충

날개는 밝은 회갈색으로 불투명하다.

암컷 성충

수컷에 비해 눈이 매우 작다.

암컷 아성충

긴꼬리하루살이 *Ephacerella longicaudata*

크기 10~15mm

● NIER 특이종

먹는 방법 주워 먹는 무리, 긁어 먹는 무리

행동 붙는 무리, 기는 무리

관찰지 평지 하천, 강

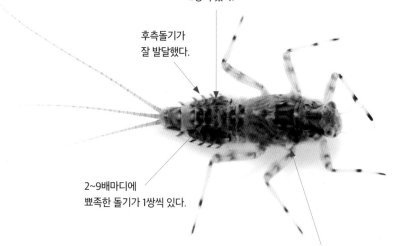

3~7배마디에 기관아가미가
2쌍씩 있다.

후측돌기가
잘 발달했다.

2~9배마디에
뾰족한 돌기가 1쌍씩 있다.

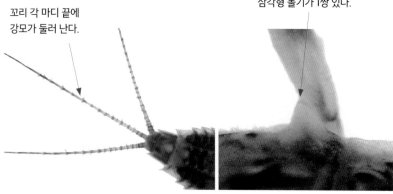

꼬리 각 마디 끝에
강모가 둘러 난다.

가운데가슴 옆면 가장자리에
삼각형 돌기가 1쌍 있다.

겹눈은 크고 둥글며
검은 갈색이다.

수컷 성충

수컷 아성충

암컷 아성충

암컷 성충

169

등줄하루살이 *Teloganopsis punctisetae*

크기 5~10mm
먹는 방법 주워 먹는 무리
행동 붙는 무리
관찰지 계류, 평지 하천

4~9배마디 옆면 후측돌기가 크다.

넓적다리마디 윗면에 강모가 퍼져 있다.

3~7배마디에 기관아가미가 2쌍씩 있다.

겹눈 사이에 흰색 가로 줄이 있다.

앞가슴 모서리에 밝은 무늬가 4개 있다.

뒷머리부터 가슴까지 흰색 세로 줄이 1쌍 있다.

꼬리 길이는 몸길이의 1/2이고 각 마디에 강모가 많다.

머리 앞이 튀어나왔다.

꼬리는 3개이고
한 마디 건너 색이 짙다.

5배마디는 색이 밝다.

수컷 성충

날개 가장자리에는
가늘고 짙은
회색 털이 있다.

수컷 아성충

암컷 아성충

2~4배마디와
6~9배마디 윗면은
벽돌색이다.

암컷 성충

등딱지하루살이 *Caenis nishinoae*

크기 3~9mm
먹는 방법 주워 먹는 무리
행동 기는 무리
관찰지 연못, 평지 하천, 강

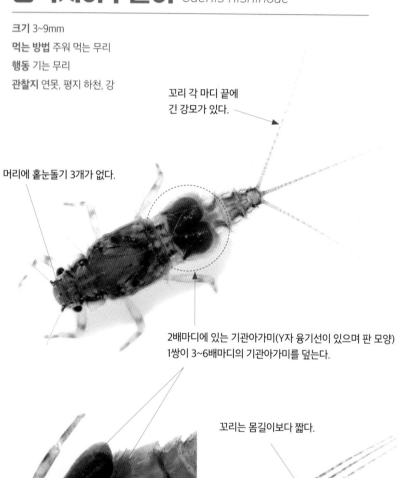

꼬리 각 마디 끝에
긴 강모가 있다.

머리에 홑눈돌기 3개가 없다.

2배마디에 있는 기관아가미(Y자 융기선이 있으며 판 모양)
1쌍이 3~6배마디의 기관아가미를 덮는다.

꼬리는 몸길이보다 짧다.

암컷 아성충

암컷 아성충

날개가 불투명하다.
아성충 상태에서 짝짓기 후
알을 낳는 것으로 관찰되었다.

겹눈은 이중 구조인 다른 하루살이
성충에 비해 매우 작다.

날개가 투명하다.

꼬리는 3개이며
몸길이보다 길다.

수컷 성충

방패하루살이 *Potamanthellus chinensis*

크기 12~15mm

먹는 방법 주워 먹는 무리

행동 기는 무리

관찰지 강, 평지 하천

● NIER 특이종, 국외반출승인대상종

2배마디에 있는 방패 모양 기관아가미 1쌍이
3~5배마디의 기관아가미를 덮는다.

1배마디에 있는 기관아가미는
퇴화해 막대 모양이다.

3~5배마디의 기관아가미는
작고 실 모양 같은 부분이 있다.

1, 2배마디 돌기

3~9배마디 후측돌기 끝에
짧은 가시가 있다.

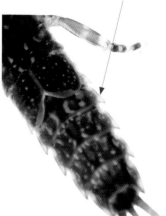

6~8배마디 돌기

꼬리는 2개이며 몸길이의 2배 이상이고
가운데 꼬리는 흔적으로만 남았다.

수컷 성충

수컷 아성충

암컷 성충

암컷 성충과 알 덩어리

빗자루하루살이 *Isonychia japonica*

크기 15~20mm

먹는 방법 걸러 먹는 무리

행동 헤엄치는 무리, 붙는 무리

관찰지 계류, 평지 하천의 여울

● 국외반출승인대상종

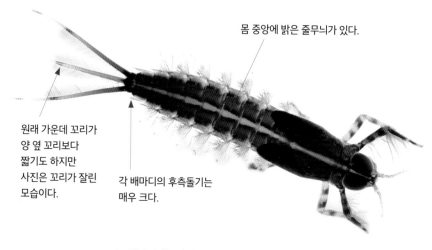

몸 중앙에 밝은 줄무늬가 있다.

원래 가운데 꼬리가 양 옆 꼬리보다 짧기도 하지만 사진은 꼬리가 잘린 모습이다.

각 배마디의 후측돌기는 매우 크다.

1~7배마디에는 달걀 모양 기관아가미와 옆 가장자리에 가시가 있다.

작은턱 기부와 앞다리 기절에 술을 이룬 실 모양 기관아가미가 있다.

날개맥이 흰색으로 매우 밝아
날개 전체가 흰빛으로 보인다.

수컷 성충

날개의 짙은 무늬가 깃동하루살이와
비슷하다.

수컷 아성충

암컷 아성충

암컷 성충

몸은 초콜릿색이다.

봄처녀하루살이 *Cinygmula grandifolia*

크기 10~15mm

먹는 방법 긁어 먹는 무리

행동 붙는 무리

관찰지 계류, 평지 하천의 중류

● 국외반출승인대상종

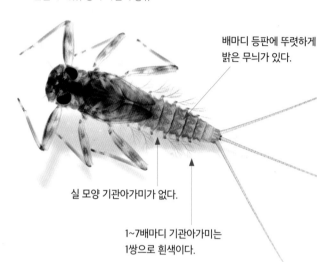

배마디 등판에 뚜렷하게
밝은 무늬가 있다.

실 모양 기관아가미가 없다.

1~7배마디 기관아가미는
1쌍으로 흰색이다.

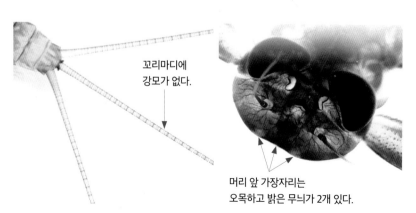

꼬리마디에
강모가 없다.

머리 앞 가장자리는
오목하고 밝은 무늬가 2개 있다.

날개에 검은 점무늬가
2개 있다.

각 배마디 윗면은
검은색이다.

수컷 성충.
위의 두 가지 특징으로 참납작하루살이와 구별할 수 있다.

몸과 날개맥 모두 검다.

수컷 아성충

암컷 아성충

암컷 성충

몽땅하루살이 *Ecdyonurus bajkovae*

크기 5~12mm

먹는 방법 긁어 먹는 무리, 주워 먹는 무리

행동 붙는 무리

관찰지 계류, 평지 하천, 강

머리는 사각형에 가깝다.

머리 앞 가장자리에
밝은 무늬가 4개 있다.

1~7배마디에
나뭇잎 모양 기관아가미가
1쌍씩 있다.

꼬리는 몸길이보다 짧고
각 마디 끝에
긴 강모가 둘러 난다.

꼬리는 2개이고 색이 밝다.

수컷 성충

성충과 아성충 모두
눈은 올리브색이다.

수컷 아성충

꼬리 하나가 없다.

암컷 아성충

암컷 성충

암수 모두 아성충 시기부터
가슴 옆면에 짙은 선이 있다.

참납작하루살이 *Ecdyonurus dracon*

크기 13~15mm

먹는 방법 긁어 먹는 무리

행동 붙는 무리, 기는 무리

관찰지 계류

● 국외반출승인대상종

7배마디에 좁은 잎 모양 기관아가미가
1쌍 있다.

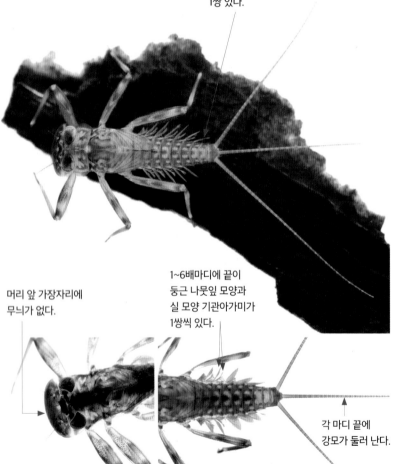

1~6배마디에 끝이
둥근 나뭇잎 모양과
실 모양 기관아가미가
1쌍씩 있다.

머리 앞 가장자리에
무늬가 없다.

각 마디 끝에
강모가 둘러 난다.

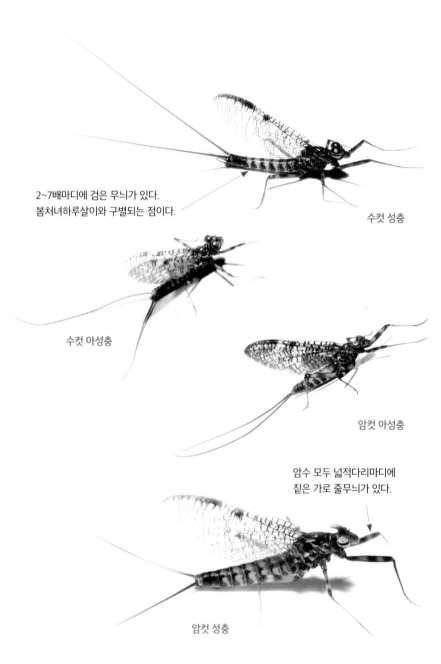

2~7배마디에 검은 무늬가 있다.
봄처녀하루살이와 구별되는 점이다.

수컷 성충

수컷 아성충

암컷 아성충

암수 모두 넓적다리마디에
짙은 가로 줄무늬가 있다.

암컷 성충

두점하루살이 *Ecdyonurus kibunensis*

크기 5~8mm
먹는 방법 긁어 먹는 무리, 주워 먹는 무리
행동 붙는 무리
관찰지 계류, 평지 하천

● 지금까지 현장에서 살피고 사육하며 관찰한 바에 따르면 두점하루살이는 머리에 있는 점 2개 외에도 머리나 배마디 윗면에 다양한 무늬가 나타났다. 이런 특징을 바탕으로 두점하루살이라고 추측한 유충 가운데 대부분이 우화하면 가락지하루살이로 밝혀졌다. 앞으로 더 많은 관찰, 연구가 필요해 보인다.

7배마디에는
실 모양 기관아가미가 없다.

1~6배마디에는
나뭇잎 모양과 실 모양 기관아가미가
1쌍씩 있다.

머리 앞 가장자리에
밝은 무늬가 2개 있다.

꼬리마디 끝에
강모가 둘러 난다.

수컷 성충

수컷 아성충

암컷 아성충

짙은 무늬가 넓적다리마디의
2/3 이상을 차지한다.

배에 알이 가득하다.

암컷 성충

네점하루살이 *Ecdyonurus levis*

크기 8~12mm
먹는 방법 긁어 먹는 무리, 주워 먹는 무리
행동 붙는 무리
관찰지 계류, 평지 하천, 강

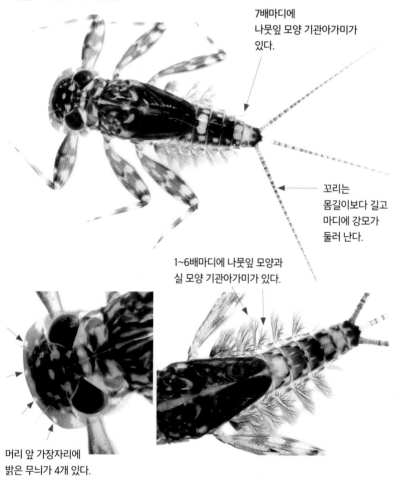

7배마디에
나뭇잎 모양 기관아가미가
있다.

꼬리는
몸길이보다 길고
마디에 강모가
둘러 난다.

1~6배마디에 나뭇잎 모양과
실 모양 기관아가미가 있다.

머리 앞 가장자리에
밝은 무늬가 4개 있다.

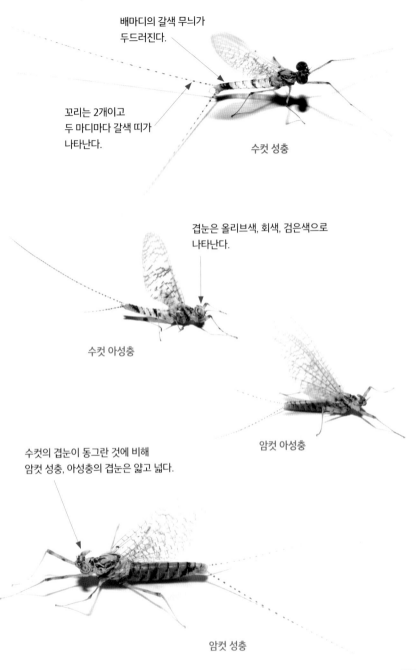

배마디의 갈색 무늬가
두드러진다.

꼬리는 2개이고
두 마디마다 갈색 띠가
나타난다.

수컷 성충

겹눈은 올리브색, 회색, 검은색으로
나타난다.

수컷 아성충

암컷 아성충

수컷의 겹눈이 동그란 것에 비해
암컷 성충, 아성충의 겹눈은 얇고 넓다.

암컷 성충

가락지하루살이 *Ecdyonurus scalaris*

크기 5~8mm
먹는 방법 긁어 먹는 무리
행동 붙는 무리
관찰지 계류, 평지 하천

● 두점하루살이 유충과 비교가 필요하다.

2~6배마디에는
나뭇잎 모양과 실 모양
기관아가미가 있다.

1, 7배마디에는 실 모양
기관아가미가 없다.

종령 유충 허물

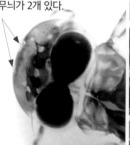

머리 앞 가장자리에
밝은 무늬가 2개 있다.

각 마디 끝에
강모가 둘러 난다.

나뭇잎 모양 기관아가미

겹눈은 매우 크고 동그랗다.

배 윗면 마디에
짙은 원 모양 띠가 있다.

수컷 성충. 두점하루살이보다 많이 보인다.

수컷 아성충

암컷 아성충

겹눈은 회색이나 검은색이다.

암컷 성충

부채하루살이 *Epeorus pellucidus*

크기 10~15mm

● 국외반출승인대상종

먹는 방법 긁어 먹는 무리, 주워 먹는 무리

행동 붙는 무리

관찰지 계류, 평지 하천, 강

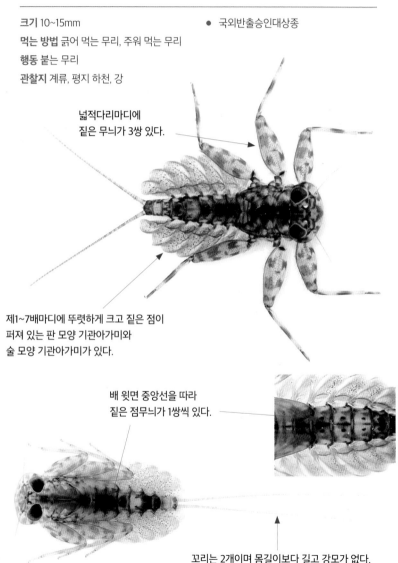

넓적다리마디에
짙은 무늬가 3쌍 있다.

제1~7배마디에 뚜렷하게 크고 짙은 점이
퍼져 있는 판 모양 기관아가미와
술 모양 기관아가미가 있다.

배 윗면 중앙선을 따라
짙은 점무늬가 1쌍씩 있다.

꼬리는 2개이며 몸길이보다 길고 강모가 없다.

겹눈은 검은색이나 회색이다.

수컷 아성충.

넓적다리마디에는
붉은 갈색 점이 하나 있다.
부채하루살이속에서 나타나는 특징이다.

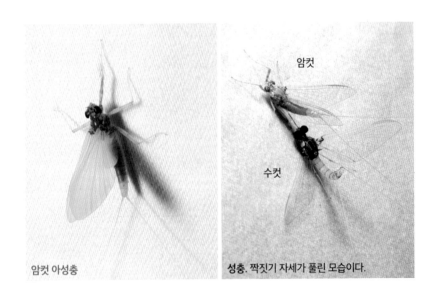

암컷

수컷

암컷 아성충

성충. 짝짓기 자세가 풀린 모습이다.

피라미하루살이 *Ameletus costalis*

크기 15~20mm

먹는 방법 긁어 먹는 무리

행동 헤엄치는 무리, 기어오르는 무리

관찰지 계류, 평지 하천

● 국외반출승인대상종

꼬리 중앙부와 끝에
색이 짙은 띠가 있다.
강모열은 꼬리 안쪽으로 뻗는다.

각 배마디에 후측돌기 있다.

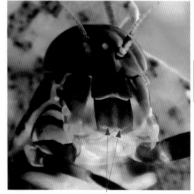

윗입술 가장자리에 V자 갈색 무늬가 있다.

1~7배마디에 달걀 모양 기관아가미가
1쌍씩 있다.

배는 투명하며 배마디
옆면에 무늬가 1쌍씩 있다.

수컷 성충

겹눈은 성충, 아성충 모두
올리브색이나 갈색이다.

수컷 아성충

암컷 아성충

넓적다리마디마다
짙은 무늬가 1개씩 있다.

암컷 성충

개똥하루살이 *Baetis fuscatus*

크기 5~8mm

먹는 방법 주워 먹는 무리, 긁어 먹는 무리

행동 헤엄치는 무리

관찰지 계류, 평지 하천, 강

넓적다리마디에
짙은 점이 1쌍씩 있다.

1~7배마디에
달걀 모양 기관아가미가
1쌍씩 있다.

꼬리에 짙은 띠가 있다.

겹눈은 터번 모양이며
붉은 갈색이다.

1배마디와 7~9배마디는 짙고
10배마디는 옅으며
2~6배마디는 투명하다.

수컷 성충

겹눈의 윗면 가장자리가
각진 성충과 달리 둥글다.

수컷 아성충

암컷 아성충

수컷 성충과 달리
배마디가 투명하지 않다.

암컷 성충

195

연못하루살이 *Cloeon dipterum*

크기 8~12mm

먹는 방법 주워 먹는 무리

행동 붙는 무리, 헤엄치는 무리

관찰지 계류, 평지 하천, 강, 연못, 저수지, 논

● 정수역에서 주로 보인다.

기관아가미가 1~6배마디에는 2쌍씩, 7배마디에는 1쌍 있다.

꼬리는 배 길이와 비슷하고 마디마다 색이 짙은 강모 띠가 있다.

몸은 유선형이며 더듬이는 가늘고 길다.

날개돋이 직전 몸에 가스가 차고 있는 종령 유충

꼬마하루살이과답게
겹눈은 터번 모양이며,
노란색이다.

수컷 성충

암수 모두 뒷날개가 없고
앞날개 1쌍만 있다.

수컷 아성충

암컷 아성충

꼬리가 몸길이보다 길며,
두 마디마다 짙은 띠가 나타난다.

화려한 무늬가 있다.
수컷에서는 나타나지 않는다.

암컷 성충

입술하루살이 *Labiobaetis atrebatinus*

크기 7~8mm
먹는 방법 주워 먹는 무리
행동 붙는 무리, 헤엄치는 무리
관찰지 계류, 평지 하천, 강

배마디 윗면에
밝은 눈물방울 무늬가 1쌍씩 있다.

가운데 꼬리가
옆 꼬리보다 짧다.

몸은 길쭉한 유선형이다.

아랫입술수염 끝이 부풀어 하트 모양이다.

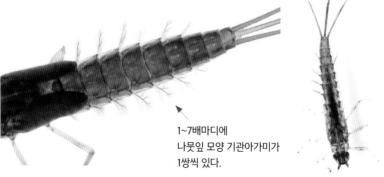

1~7배마디에
나뭇잎 모양 기관아가미가
1쌍씩 있다.

1배마디와 7~10배마디는
짙은 갈색이다.

꼬리는 흰색이며 무늬가 없고
다리는 색이 옅다.

수컷 성충

겹눈은 붉거나 갈색을 띤다.

수컷 아성충

암컷 아성충

암컷 성충

옛하루살이 *Siphlonurus chankae*

크기 15~20mm
먹는 방법 주워 먹는 무리, 긁어 먹는 무리
행동 헤엄치는 무리, 붙는 무리
관찰지 계류, 평지 하천

꼬리 안쪽으로 긴 강모가 있으며, 꼬리에 짙은 띠가 있다.

배마디 후측돌기가 매우 길다.

넓은 나뭇잎 모양 기관아가미가 1, 2배마디에 2쌍씩, 3~7배마디에 1쌍씩 있다.

배마디 윗면에 짙은 점무늬가 1쌍씩 있다.

종령 유충 허물

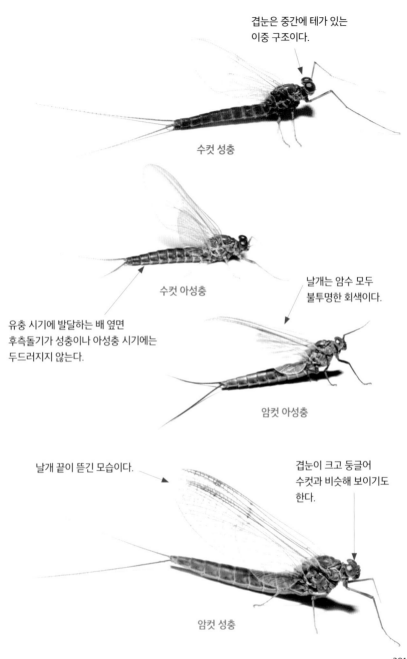

겹눈은 중간에 테가 있는
이중 구조이다.

수컷 성충

수컷 아성충

날개는 암수 모두
불투명한 회색이다.

유충 시기에 발달하는 배 옆면
후측돌기가 성충이나 아성충 시기에는
두드러지지 않는다.

암컷 아성충

날개 끝이 뜯긴 모습이다.

겹눈이 크고 둥글어
수컷과 비슷해 보이기도
한다.

암컷 성충

찾아보기

하루살이목 Ephemeroptera

참고문헌

강도래목 Plecoptera

- 환경부, 2022. 국가생물종목록. 국립생물자원관.
- HAM, S. A., 2008. Two species of Chloroperlidae (Insecta: Plecoptera) new to Korea, with adult keys to species of the family in Korea. Korean Journal of Systematic Zoology 24: 185-189.
- HAM, S. A., BAE, Y. J., 2002. The stonefly genus *Megaleuctra* (Plecoptera: Leuctridae) new to East Palearctic region, with description of *Megaleuctra saebat* new species. Entomological News 113: 336-341.
- JIN, Y. H., BAE, Y. J., 2005. The wingless stonefly family Scopuridae (Plecoptera) in Korea. Aquatic Insects, March 27(1): 21-34.
- KIM, J. S., BAE, Y. J. & ZHILTZOVA, L. A., 1998. Bibliographic review, systematic status, and biogeographic notes on Korean and Far East Russian stoneflies (Insecta: Plecoptera) with their new Korean records. Korean Journal of Biological Sciences 2: 419-425.
- MURÁNYI, D. & PARK, S. J., 2011. Contribution to the fall stonefly (Plecoptera) fauna of Korea. Illiesia 7(6): 70-85.
- MURÁNYI, D., JEON, M. J., HWANG, J. M. & SEO, H. Y., 2014. Korean species of the genus *Perlomyia* Banks, 1906 (Plecoptera: Leuctridae). Zootaxa 3881(2): 145-154.
- MURÁNYI, D., LI, W. H., JEON, M. J., HWANG, J. M. & SEO, H. Y., 2015. Korean species of the genus *Neoperla* Needham, 1905 (Plecoptera: Perlidae). Zootaxa 3918(1): 113-127.
- RA, C. H., KIM, J. S., KANG, Y. W. & HAM, S. A., 1994. Taxonomic study on three families (Peltoperlidae, Perlodidae, Perlidae) of stoneflies (Plecoptera) in Korea. The Korean Journal of Systematic Zoology 10(1): 1-15.
- STARK, B. P., 2010. Studies on Korean stoneflies (Insecta: Plecoptera) with descriptions of two new species. Illiesia 6(1): 1-10.
- STARK, Bill P., NELSON, C. R., 1994. Systematics, phylogeny and zoogeography of genus *Yoraperla* (Plecoptera: Peltoperlidae). Copenhagen, Denmark, Ent. scand 25: 241-273.
- ZWICK, P., 1973a. On the stoneflies from Korea (Insecta, Plecoptera). Fragmenta Faunistica 19(8): 149-157.
- ZWICK, P., 1973b. Plecoptera from Korea. Annales Historico-naturales Musei Nationalis Hungarici 65: 157-169.
- ZWICK, P., 2010. New species and new records of Plecoptera from Korea and the Russian Far East. Illiesia 6(9): 75-97.

날도래목 Trichoptera

- 강미숙, 2020. 한국의 날도래. 자연과 생태. p 547.
- 권순직, 전영철, 박재홍, 2013. 물속생물도감. 자연과생태. P627-767.

- 윤일병, 1995. 수서곤충검색도설. 정행사. p187-218.
- Botosaneanu, L., 1970. Trichopères de la République Démocratique-Populaire de la Corée. Annales Zoologici 27(15): 276-359.
- Gall, Wayne K., Tatiana I. Arefina-Armitage and Brian J. Armitage, 2007. Resolution of the taxonomic status of problematic goerid caddisflies (Trichoptera: Goeridae) from the eastern Palaearctic Region. Proceedingsof the 11th International Symposium on Trichoptera, 103-112.
- Hur, J. M., J. H. Hwang, T. H. Ro and Y. J. Bae, 2000a. Association of Immature and Adult Stages of *Hydropsyche Kozhantschikovi* Martynov (Trichoptera: Hudropsychidae). Korean J. Entomol 30(1): 57-61.
- Hwang, J. H., 2005. 한국산 날도래목의 분류학적 연구, PhD Thesis, Korea University, Korea. 251pp.
- Kuhara, N,. 2016. The genus *Wormaldia* (Trichoptera, Philopotamidae) of the Ryûkyû Archipelago, southwestern Japan. Zoosymposia 10: 257-271.
- Oláh, J., Johanson, K. A., Li, W,.and Park, S. J., 2018. On the Trichoptera of Korea with Eastern Palaearctic relatives. Opusc. Zool. Budapest 49(2): 99-139.
- Park. S, J,. Kong. D. S., 2020. A checklist of Trichoptera (Insecta) of the Korean Peninsula. Journal of Species Research 9(3): 288-323.
- Yoon, I. B. and Kim, K. H., 1989a. A Systemic Study of the Caddisfly Larvae in Korea(Ⅰ), The Korean j. of Entomology Vol. 19(1), 25-40.
- Yoon, I. B. and Kim, K. H., 1989b. A Taxonomic Study of the Caddisfly Larvae in Korea(Ⅱ), The Korean j. of Entomology Vol. 19(4), 299-318.
- 국가생물종목록 [http://www.kbr.go.kr/index.do]
- Trichoptera World Checklist [https://entweb.sites.clemson.edu/database/trichopt/]

하루살이목 Ephemeroptera

- 권순직, 전영철, 박재홍, 2013. 물속생물도감. 자연과생태. 791pp: 147-263.
- 김명철, 천승필, 이존국, 2013. 하천생태계와 담수무척추동물. 지오북. 481pp: 187-245.
- 박성준 외, 2012. 한국의 곤충. 국립환경과학원. 391pp: 26-52.
- 배연재, 2010. 하루살이류(유충). 한국의 곤충 제6권 1호. 국립생물자원관. 149pp.
- 윤일병, 1995. 수서곤충검색도설. 정행사.
- Allen, R. K., 1971. New Asian Ephemerella with notes (Ephemeroptera: Ephemerellidae). // The Canadian Entomologist 103(4): 512-528.
- Bae, Y. J., & McCafferty, W. P., 1991. Phylogenetic systematics of the Potamanthidae (Ephemeroptera). // Transactions of the American Entomological Society 117(3-4): 1-145.
- Bae, Y. J., & Park, S. Y., 1998. Alainites, Baetis, Labiobaetis, and Nigrobaetis (Ephemeroptera: Baetidae) in Korea. // Korean Journal of Systematic Zoology 14: 1-12.
- Bajkova, O. Ya., 1972. Contribution to the knowledge of mayflies (Ephemeroptera) from the Amur Basin. I. Imagines (Ephemeroptera: Ephemerellidae) // [Izvestia Tihookeanskogo Nauchno-Issledovatelskogo Instituta Rybnogo Khozyaystva i Okeanografii (TINRO)] 77: 178-206.
- Bajkova, O. Ya., 1976. Mayflies of the genus *Ameletus* Eaton (Ephemeroptera) in the Amur basin.

// Entomological Review [Entomologicheskoe Obozrenie = Revue d'Entomologie de l'URSS] 55(3): 528-588.

- Gose, K., 1963. Two new mayflies from Japan. // Kontyû 31(2): 142-145.

- Gose, K., 1979. The mayflies of Japanese. Parts 1 to 5: 1, General parts; 2, family keys (Siphlonuridae, Oligoneuriidae, Isonychiidae); 3 (Siphlonuridae, Oligoneuriidae, Isonychiidae); 4 (Heptageniidae); 5 (Heptageniidae). (in Japanese) // Aquabiology (Nara) 1(1): 38-44, 9 figs.; 1(2): 40-45, figs. 1-31, 34-78; 1(3): 58-60, figs. 49-78; 1(4): 43-47, figs. 1-27, 30-35, 40, 42; 1(5): 51-53, figs. 28-29, 35-45.

- Hwang, J. M., & Bae, Y .J., 2001. Taxonomic review of the Siphlonuridae (Ephemeroptera) in Korea. // In: Bae Y.J. (ed.). The 21st Century and Aquatic Entomology in East Asia. Proceedings of the 1st Symposium of Aquatic Entomologists in East Asia. The Korean Society of Aquatic Entomology, Korea: 45-53.

- Hwang, J. M., & Yoon, T. J., & Suh, K. I., & Bae, Y. J., 2013. Molecular phylogeny evidence of altitudinal distribution and habitat adaptation in Korean Ephemera species (Ephemeroptera: Ephemeridae). // Entomological Research (Seoul) 43(1): 40-46.

- Imanishi, K., 1934. Mayflies from Japanese torrents. IV. Notes on the genus *Epeorus*. // Annotationes Zoologicae Japonenses 14(4): 381-395.

- Imanishi, K., 1935. Mayflies from Japanese torrents. V. Notes on the genera Cinygma and Heptagenia. // Annotationes Zoologicae Japonenses 15(2): 213-223.

- Kluge, N. J., 1983. New and little-known mayflies of the Far East of the USSR. Genus *Ecdyonurus* (Ephemeroptera, Heptageniidae). // In: Ecology and taxonomy of freshwater organisms of the Far East. Vladivostok [Ecology and systematics of freshwater organisms of Far East. Vladivostok]: 27-36.

- Kluge, N. J., 1985. On Far Eastern species of mayflies of the aestivalis group of the genus *Siphlonurus* Etn. (Ephemeroptera, Siphlonuridae). // Bulletin of the Leningrad University [Vestnik Lenigrad. Univ.] No. 10: 12-20.

- Matsumura, S., 1931. 6000 illustrated Insects of Japan-Empire]. Ephemerida: 1465-1480. (in Japanese) // Tokoshoin, Tokyo: 1497pp.

- Tshernova, O. A., 1952. Mayflies (Ephemeroptera) bass. R. Amur and adjacent waters and their role in the nutrition of Amur fish. [Mayflies of the Amur River Basin and nearby waters and their role in the nutrition of Amur fishes] (in Russian) // Proceedings of the Amur Ichthyological Expedition 1945-1949, v.3. [Trudy Amur. ichtiol. exped., Vol.3]. // Materials for the knowledge of the flora and fauna of the USSR, published by the Moscow Society of Naturalists [Materialy k poznaniyu flory i fauny SSSR, izdavaemye Moskovskim obschestvom ispytateley prirіdy] (NS) 32(47): 229-360.

- 川合禎次, 谷田一三, 2005. 日本産水生昆虫. 東海大學出版會. 1-128.

- 丸山博紀・花田聡子 編, 2016. 原色 川図鑑(成虫編: Ephemera, Stonefly, Caddisfly). 全国農村教育協会.

- Checklist Bank, Catalogue of Life Checklist [www.checklistbank.org/dataset/9859/classification?taxonKey=372]

- EPHEMEROPTERA OF THE WORLD [http://insecta.bio.spbu.ru/z/Eph-spp/index.htm]

- National list of species of Korea (2022). National Institute of Biological Resources, online at https://kbr.go.kr/ accessed on (date of access)